Les agriculteurs ont la Terre entre leurs mains

Autres titres disponibles aux Éditions La Butineuse :

Hydrater la Terre. Le rôle oublié de l'eau dans la crise climatique, Ananda Fitzsimmons

Terre et climat. Éclairages sur le rapport spécial du GIEC, Patrick Love

Chroniques énergétiques. Clefs pour comprendre l'importance de l'énergie, Greg de Temmerman

Nourrir la terre. Manifeste pour une agriculture régénératrice, Daniel Baertschi

Couverture et maquette intérieure : © Agence Coam

ISBN : 978-2-493291-06-6

Atelier des Entreprises
Place de l'Europe – Porte Océane 3
56400 Auray
www.editions-labutineuse.com

Paul Luu

Avec Marie-Christine Bidault

Les agriculteurs ont la Terre entre leurs mains

Illustrations de Léa Cros

ÉDITIONS la Butineuse

Table des matières

Préface 9

Chapitre Un – Pourquoi doit-on changer d'agriculture ?

L'agriculture conventionnelle, une agriculture assistée 15
Impacts de l'agriculture conventionnelle 18
L'agriculture et le changement climatique 23
Et l'agriculture climato-intelligente ? 26

Chapitre Deux – Des principes du vivant à leur substitution

La photosynthèse 31
Les grands cycles 32
Les rôles essentiels du sol 41
La biodiversité 42
L'homme et l'artificialisation 44

Chapitre Trois – L'homme et les sols – Brève histoire de l'agriculture

Naissance de l'agriculture 47
Premiers systèmes agraires 50
Première révolution agricole des temps modernes 54

Deuxième révolution agricole à l'époque contemporaine 56
Notre histoire peut-elle nourrir notre futur ? 59

Chapitre Quatre – Quelle place pour l'agriculture au XXIe siècle ?

Sols, carbone et biodiversité 65
Les grands principes de l'agroécologie 71

Chapitre Cinq – Limiter les perturbations : l'agriculture de conservation 77

Chapitre Six – Le refus de la synthèse : l'agriculture biologique et biodynamique 85

Chapitre Sept – Pour la vertu des prairies : le pâturage tournant dynamique 93

Chapitre Huit – La santé des sols au centre de tout : l'agriculture régénératrice 97

Chapitre Neuf – Mimer les écosystèmes forestiers naturels : l'agroforesterie 107

Chapitre Dix – Pas d'agriculture unique mais un rôle unique : celui des agriculteurs et agricultrices 115

À nous de jouer 121

Préface

En matière d'agriculture et de choix pour le développement futur de nos modes de productions agricoles, il paraît tentant d'opposer l'agriculture biologique à l'agriculture conventionnelle.

Il n'existe pourtant pas de vérité absolue, et l'un des enjeux majeurs des bouleversements en cours réside en la prise de conscience que les éléments de contexte ne sont pas toujours aussi simples que ce qu'ils paraissent.

D'autres façons de faire de l'agriculture existent, se développent, et cohabitent. Elles répondent à des besoins de productions et d'adaptations à des conditions naturelles en constante évolution, notamment sous l'impulsion du changement climatique.

L'ambition du livre que vous avez entre les mains est de faire le point simplement et objectivement sur l'agriculture, ses fondements scientifiques, l'histoire de ses « (r)évolutions » et sa situation aujourd'hui. Elle est aussi d'ouvrir vers la transition agroécologique, qui est nécessaire pour l'avenir de l'humanité sur la planète Terre.

Il s'agit de donner les moyens à tout un chacun de comprendre les enjeux sans éluder les questions qui dérangent parfois, mais qui sont importantes dans le monde d'aujourd'hui. On nous les présente souvent de façon simpliste alors que la réalité du vivant est par nature complexe.

Cet ouvrage n'a pas la prétention de tout expliquer de façon exhaustive, mais de fournir des clés de compréhension. L'objectif est de permettre à chacun de se forger sa propre opinion et d'engager ses propres réflexions sur les choix à faire en matière d'alimentation, et donc d'agriculture, et sur les comportements d'acteurs à intérêts fréquemment divergents.

Une chose est certaine : chaque être humain sur Terre a besoin de se nourrir quotidiennement pour lui permettre *a minima* de vivre, et nous serons demain près de 10 milliards sur une planète qui nous montre tous les jours ses limites et les menaces de nos actions irréfléchies.

Si nous souhaitons léguer à nos enfants des terres agricoles capables non seulement de fournir notre alimentation d'aujourd'hui, mais aussi de porter les récoltes de demain, il est un capital plus important que tout autre, celui du sol, d'un sol vivant.

Le défi le plus important qui nous attend est celui de mener la transition agroécologique pour améliorer la sécurité alimentaire du monde et contribuer activement à la lutte contre le changement climatique.

Grâce à l'agriculture et la foresterie, à la restauration et la régénération des sols, transmettons ce précieux capital aux générations futures sans impacter leurs capacités productives à venir !

Depuis la naissance de l'Initiative internationale « 4 pour 1000 : les sols pour la sécurité alimentaire et le climat » lancée durant la COP 21 à Paris en décembre 2015, les choses ont commencé à bouger dans le bon sens.

Mais les acteurs principaux de cette nouvelle « (r)évolution » sont d'abord les agriculteurs et agricultrices, ainsi que les citoyens et citoyennes conscients des défis planétaires actuels.

Stéphane LE FOLL **Ibrahim Assane MAYAKI** **Gabrielle BASTIEN**

Président, Vice-Président et Vice-Présidente

de l'Initiative internationale « 4 pour 1000 »

L'**Initiative internationale « 4 pour 1000 »** vise à montrer que les sols agricoles peuvent jouer un rôle crucial en matière de sécurité alimentaire et de changement climatique. Elle consiste à fédérer tous les acteurs volontaires du public et du privé et compte 700 partenaires qu'elle invite à faire connaître et à mettre en place des actions concrètes pour le stockage du carbone dans les sols.

Stéphane LE FOLL est maire de la ville du Mans depuis 2018 et a été ministre de l'Agriculture et de l'Alimentation de la République française de 2012 à 2017. Il est l'auteur de *La première graine* aux éditions Calmann Levy – 2017

Ibrahim Assane MAYAKI est Secrétaire exécutif du Nouveau partenariat pour le développement de l'Afrique (NEPAD) depuis 2009. Il a été Premier ministre du Niger de 1997 à 2000.

Gabrielle BASTIEN est fondatrice et Directrice générale de l'ONG Regeneration Canada depuis 2017. Elle a été distinguée en tant qu'Emerging Leader au Canada en 2021.

Chapitre Un
Pourquoi doit-on changer d'agriculture ?

Dès lors qu'il est question d'alimentation, donc d'agriculture, les opinions exprimées se radicalisent. Pour beaucoup de nos concitoyens, l'agriculture est devenue une aberration qui pollue nos terres, nos eaux et notre air, et qui ne nous garantit plus une alimentation saine et suffisante en quantité. Si certains croulent sous l'abondance de produits de plus en plus transformés pour, soi-disant, leur simplifier la vie, d'autres, ailleurs dans le monde, peinent à subvenir à leurs besoins alimentaires de base.

Pour les uns, le choix est délicat entre une alimentation bio ou vegan pour ne pas faire souffrir les animaux, ou encore bientôt de synthèse avec de la viande issue de culture cellulaire ; pour les autres, le seul repas quotidien se résumera à ce qu'ils pourront trouver, peu importe l'origine, les modes de production et l'équilibre alimentaire entre végétal et animal.

Comment envisager avec sérénité et optimisme de nourrir 10 milliards d'êtres humains avec des productions alimentaires qui ne semblent plus pouvoir augmenter autrement que par une déforestation d'ampleur, et un usage accru d'engrais et de produits de traitement de synthèse ?

D'autres défis menacent également l'humanité, tels que le dérèglement climatique, l'érosion de la biodiversité et l'apparition régulière de maladies pandémiques.

Existe-t-il une autre voie encore insuffisamment explorée qui permette de nous redonner l'espoir de lendemains plus verts ? Y-a-t-il des solutions plus en harmonie avec la nature, grâce auxquelles chaque être humain pourrait avoir de quoi subvenir à ses besoins vitaux que sont l'accès à une alimentation saine et suffisante en quantité, un air respirable et non pollué, et de l'eau limpide et pure comme au premier jour? Peut-être…

Il est impossible de ne pas constater à quel point notre agriculture conventionnelle, et par conséquent notre subsistance alimentaire globale, est dépendante de la chimie et des énergies fossiles. Pour exister et se développer, elle continue aussi à engendrer dans certaines régions du monde, une déforestation qui entraîne une perte importante de biodiversité, notamment lorsqu'elle concerne des forêts primaires.

Il est néanmoins nécessaire de rappeler que cette agriculture a émergé et s'est développée dans un certain contexte, et a rempli les objectifs qui lui ont alors été assignés par la société : accroître la sécurité alimentaire d'une population mondiale croissante ; diminuer la pénibilité du travail pour les agriculteurs ; faciliter et réduire les coûts de production des produits agricoles pour en faciliter le commerce et les échanges, *et cetera*.

Comme beaucoup d'autres activités humaines, le déploiement à grande échelle des énergies fossiles très bon marché, permettant à la fois la fabrication et la distribution de produits chimiques variés, et de moyens mécaniques puissants, a bouleversé l'agriculture. Celle-ci a, en outre, cherché à s'affranchir progressivement des conditions climatiques par l'irrigation, des maladies et ravageurs par les pesticides, des plantes indésirables par les herbicides et surtout de l'état du sol par les engrais, au point de ne plus considérer ce dernier que comme un simple support inerte et non comme le support de la vie.

Les espèces végétales et animales cultivées et élevées, triées et sélectionnées en fonction de cette évolution, sont devenues très dépendantes de ces facteurs, et l'on doit leur fournir une alimentation appropriée et adaptée ainsi qu'une protection extérieure. En somme, peu importe le degré de dégradation et la santé du sol qui les porte, puisque des apports externes compensent les déficiences de son fonctionnement naturel.

Ce système a permis d'atteindre des niveaux de production très importants à des coûts relativement bas, au moins économiquement, soutenus par des énergies fossiles abondantes et peu chères. Mais son impact négatif sur l'environnement est aujourd'hui avéré, il a montré ses limites en termes de productivité ainsi que sa fragilité par son degré très élevé de dépendance.

L'agriculture conventionnelle, une agriculture assistée

L'agriculture dite conventionnelle ou industrielle pour certains est dépendante de multiples apports extérieurs.

Elle utilise des engrais minéraux qui apportent aux cultures les éléments dont elles ont besoin pour se développer, et pallier ainsi la baisse de fertilité naturelle des sols, souvent épuisés par des pratiques intensives telles que le travail du sol en profondeur et le retour fréquent des mêmes cultures sur les mêmes parcelles.

Elle est également dépendante des pesticides et des herbicides qui permettent de lutter « facilement » contre les maladies, ravageurs et plantes indésirables, dont la présence est favorisée dans les systèmes orientés vers un seul type de culture.

Elle est aussi dans de très nombreuses régions du monde dépendante de l'irrigation car, indépendamment de la problématique du changement climatique, on a cherché à produire les mêmes espèces partout, pour des raisons d'efficacité à court terme, en s'affranchissant des particularités climatiques. La conséquence est qu'il est souvent nécessaire d'arroser aux périodes critiques des cultures originaires d'autres régions du monde qui ne sont donc pas forcément adaptées aux conditions locales.

L'agriculture conventionnelle est donc une agriculture totalement optimisée sur le plan mécanique et chimique, par les processus industriels de ses fournisseurs en amont et de ses distributeurs en aval. Si elle dépend toujours des processus naturels indispensables comme la photosynthèse, elle est devenue indépendante de ceux qui peuvent être remplacés par des « moyens artificiels ».

De même l'élevage, lorsqu'il est conduit sur ce mode conventionnel, est dépendant pour l'alimentation des animaux de la production de plantes riches en protéines telles que le soja souvent importé du continent américain, où elles sont produites aux dépens de la forêt. Les animaux, tout comme les plantes, sont issus d'une sélection de races spécialisées à hautes performances, l'objectif étant d'atteindre un maximum de rentabilité. On parle souvent d'élevage « intensif » ou « industriel ».

L'élevage s'est intensifié partout dans le monde pour faire face à une demande croissante de viande et de produits d'origine animale comme le lait et les produits laitiers ou le cuir, et pour faire baisser ses coûts de production. Cela a conduit à créer des élevages hors-sol, avec des animaux qui ne sortent jamais ou très peu, et dont une grande partie des aliments sont concentrés, riches en protéines et en lipides. L'autre conséquence de cette intensification est la pollution, puisqu'un élevage hors-sol produit des déjections en quantités importantes dont il faut gérer l'élimination. Le problème s'aggrave lorsqu'il existe une forte densité d'élevages de ce type dans une région donnée, provoquant l'apparition de nitrates dans l'eau des rivières et des nappes phréatiques.

Si le tableau peut sembler sombre, il n'en est pas moins réaliste. Mais il serait injuste de ne parler que du côté négatif sans aussi évoquer le côté positif: le développement de cette agriculture intensive a permis de nourrir une grande partie d'une humanité en croissance. Selon la FAO, l'Organisation des Nations unies pour l'agriculture et l'alimentation, entre 2000 et 2020, le nombre de personnes souffrant de malnutrition a baissé de 17,2 % en passant de 930 millions à 770 millions. Cette baisse est encore plus importante si l'on considère que sur la même période, la population mondiale a augmenté de 29,5 %, soit 1,7 milliard.

Comme souvent, l'analyse globale de la situation cache de grandes disparités. L'excès d'apport calorique journalier conduit à l'obésité dans une part croissante de la population des pays développés et émergents. En parallèle, la part de la population mondiale touchée par des apports caloriques quotidiens insuffisants continue d'exister voire de se développer dans certaines régions, y compris dans les pays développés.

Pourtant la production alimentaire mondiale portée notamment par l'agriculture conventionnelle permettrait largement de fournir les 2 600 calories nécessaires quotidiennement aux 7,9 milliards de femmes et d'hommes qui peuplent la Terre en 2022. Pour certains, le problème vient d'un manque de répartition de la ressource, un problème d'accès à cette nourriture, pour d'autres, il faut questionner nos régimes alimentaires car une part importante des productions végétales est utilisée pour l'élevage et les productions animales : une alimentation moins carnée permettrait de mieux utiliser les ressources agricoles pour satisfaire aux besoins alimentaires de l'ensemble de la population mondiale.

Il y a des éléments de solution dans chacune de ces propositions, mais au fond des choses ce qu'il est indispensable de faire évoluer à court et moyen terme, ce sont les méthodes de production.

Il est indéniable que l'agriculture conventionnelle tend aujourd'hui à évoluer vers une agriculture dite raisonnée ou de précision. Ces agricultures utilisent toujours le labour ainsi que les intrants minéraux et de synthèse, mais en contrôlent mieux l'usage dans le temps et l'espace grâce à des technologies de pointe. Ces technologies de mesure à l'aide de capteurs ou d'application à l'aide de drones ou de guidage par GPS par exemple, permettent d'affiner les pratiques en fonction des besoins des plantes, des conditions du sol, de son humidité, de la pression des ravageurs et des plantes indésirables. Elles visent à être plus précises dans l'introduction d'intrants pour limiter les coûts, les pertes et gaspillages dans le milieu, et par conséquent les pollutions. Les agricultures raisonnées ou de précision offrent donc certaines améliorations en termes d'impact vis-à-vis de l'environnement, mais leur philosophie reste fondamentalement la même que l'agriculture conventionnelle.

Intuitivement, même si on comprend les efforts déployés par l'agriculture conventionnelle pour nourrir une population mondiale en augmentation, l'usage toujours croissant d'engrais minéraux, de pesticides et herbicides de synthèse, ne permet pas de s'inscrire dans une perspective durable. Outre le fait que ce type d'agriculture a de plus en plus de mal à remplir le rôle qui lui a été assigné, l'agriculture conventionnelle est extrêmement dépendante des énergies fossiles. Elle a également un impact négatif sur la santé des sols, et de façon générale sur l'environnement, que ce soit en termes de climat, de biodiversité, de qualité de l'eau ou de l'air.

Impacts de l'agriculture conventionnelle

Dégradation des sols

Le sol, ressource principale et élémentaire de la production agricole, est de plus en plus menacé par de multiples dégradations provoquées par les pratiques agricoles.

La première forme majeure de dégradation est l'érosion liée à la pluie et au vent. Cette érosion d'origine naturelle est aggravée par la pratique du labour et du surpâturage.

L'érosion hydrique est le processus par lequel l'eau de pluie détache et emporte les particules de sol par ruissellement. L'érosion éolienne, quant à elle, se produit lorsque le vent emporte le sol délité, sans structure, sous forme de poussière. Dans les deux cas, ce sont les particules de surface qui sont emportées en premier dans les rivières, les lacs et les océans.

Le sol peut aussi subir des dégradations par compactage dû aux engins mécaniques lourds, par l'éventuel surpâturage des animaux restant trop longtemps dans une même parcelle, mais aussi par un excès d'irrigation qui génère un tassement hydrique venant s'ajouter au tassement mécanique. Ce tassement provoque une descente dans le sol des particules fines de surface lorsqu'elles ne sont pas agrégées par la matière organique. Cela a pour conséquence une diminution de la porosité du sol, or ces espaces remplis d'eau et d'air sont la clef de sa structure et de sa fertilité.

L'irrigation des cultures dans les régions semi-arides, où l'eau d'irrigation est souvent chargée en éléments minéraux, voire en sel, provoque la salinisation des sols. Cela entraîne une baisse de la fertilité mais aussi une dégradation de sa structure.

Les apports systématiques d'engrais minéraux perturbent l'activité biologique naturelle du sol. C'est pourtant cette activité biologique qui permet le recyclage de la matière organique en éléments minéraux disponibles et utilisables par les végétaux. Les pratiques mal raisonnées et mal maîtrisées de fertilisation et de protection des cultures entraînent une pollution des sols et une accumulation d'éléments minéraux et de substances pouvant être toxiques.

Il faut enfin rappeler que la pollution des sols peut également avoir une origine urbaine, et industrielle, par l'intermédiaire de l'atmosphère.

Aujourd'hui, d'après la FAO, 75 % des sols de la planète sont dégradés à très dégradés et pourraient devenir impossibles à cultiver avec le changement climatique. Ce chiffre pourrait atteindre 90 % en 2050 selon la même source. Plus de 10 millions d'hectares de terres arables sont perdus ou fortement dégradés chaque année du fait de l'érosion hydrique et éolienne. La plupart des sols sont fatigués voire épuisés et ont perdu une partie de leurs propriétés physiques, chimiques et biologiques. Dans bien des cas, les engrais ne suffisent plus à compenser cette perte de fertilité ou alors à des quantités économiquement non rentables pour l'agriculteur.

Biodiversité des sols

Au-delà de leurs simples propriétés physiques ou chimiques, les sols constituent l'un des écosystèmes les plus complexes de la nature et l'un des habitats les plus diversifiés sur Terre. Ils abritent des milliers d'organismes différents, qui interagissent et contribuent aux cycles globaux et rendent la vie possible. Nulle part dans la nature on ne retrouve une densité d'espèces aussi importante que dans les communautés du sol.

La FAO aime à rappeler de façon imagée qu'une « cuillère à café de sol contient plus de micro-organismes qu'il y a d'êtres humains sur la planète », et les biologistes ont découvert effectivement qu'une cuillère à café de sol, soit environ un gramme, hébergeait en moyenne 100 arthropodes (insectes, arachnides et myriapodes), 1 000 à 2 000 nématodes (vers microscopiques), 200 millions de mycélium de champignons et des centaines de millions à plusieurs milliards d'êtres unicellulaires (protozoaires, bactéries, virus, *et cetera*) issues de plus de 1 million d'espèces.

Ces organismes du sol assurent des fonctions vitales pour le fonctionnement de son écosystème : maintien de sa structure, régulation des processus hydrologiques, échanges de gaz et séquestration du carbone, détoxification, cycle des éléments nutritifs, décomposition de la matière organique. Ils jouent aussi un rôle dans la lutte contre les ravageurs et maladies des plantes, en établissant des relations plus ou moins complexes avec elles au travers de leurs racines. Ils contribuent ainsi à augmenter l'efficacité de l'absorption des nutriments par les plantes et jouent un rôle important dans leur croissance et leur santé.

L'érosion de la biodiversité des sols est liée quasi-exclusivement aux pratiques agricoles. La déforestation et le retournement des prairies pour la mise en culture réduisent considérablement le nombre d'espèces et d'organismes vivants. La simplification de la gestion des cultures limite fortement la variété des plantes cultivées, de leurs systèmes racinaires et métabolismes qui contribuent normalement à enrichir sa vie. Cette simplification se traduit par une perte en quantité et en qualité des résidus végétaux et de matière organique, ce qui aboutit à une diminution des types d'habitat et de nourriture pour les organismes du sol.

Biodiversité animale et végétale

La biodiversité la plus visible, celle des plantes et des animaux qui nous entourent, est également impactée par l'activité agricole. Des dizaines d'espèces animales et végétales disparaissent chaque jour et l'agriculture a une responsabilité majeure dans cette érosion. La production agricole représente 80 % de la déforestation mondiale, et 70 % de la perte de biodiversité terrestre, d'après le rapport WWF Planète Vivante 2020.

Parmi les phénomènes les plus préjudiciables à la biodiversité globale, c'est bien le changement d'usage des terres principalement lié à l'extension des surfaces agricoles qui conduit au déboisement de vastes surfaces. Il engendre la destruction, la dégradation et la fragmentation des habitats, et le dérangement d'espèces. La simplification paysagère mise en œuvre pour agrandir les parcelles et gagner en productivité – aussi appelé remembrement – a entraîné un arrachage massif des haies et bosquets et une disparition des bordures de champs impactant la biodiversité naturelle locale : il y a moins de refuges pour les prédateurs des ravageurs et pour les pollinisateurs. Les produits phytosanitaires ont des effets non intentionnels ou indirects sur d'autres espèces comme les oiseaux, les insectes, et autres animaux et végétaux. La pollution des eaux, des sols et de l'air qui résultent des activités agricoles et humaines de façon générale, détruisent ou modifient l'équilibre des écosystèmes naturels et des espèces.

La simplification des assolements et des rotations a eu pour conséquence une réduction du nombre d'espèces végétales cultivées. Parallèlement, les processus de sélection successifs visant à obtenir des variétés végétales et des races animales à fort potentiel ont également eu pour effet une diminution de la diversité biologique agricole.

Les variétés de plantes cultivées de nos jours sont issues de sélections à partir de plantes sauvages, dont certaines caractéristiques considérées comme inutiles aujourd'hui pourraient s'avérer indispensables à l'avenir ; d'où l'importance de conserver ce patrimoine génétique. De la même façon en ce qui concerne les races animales, les caractéristiques de races aujourd'hui disparues seraient intéressantes pour leur adaptation à des conditions climatiques changeantes, et des efforts sont entrepris pour retrouver et sélectionner des animaux au patrimoine génétique proche.

Qualité de l'eau et de l'air

L'agriculture utilise 70 % de la consommation totale d'eau douce à l'échelle de la planète, pour irriguer 20 % des terres cultivées (275 millions d'hectares) soit 40 % de la production alimentaire mondiale. D'après le Programme mondial de l'Unesco pour l'évaluation des ressources en eau, face à la hausse des besoins alimentaires, les prélèvements d'eau douce à usage agricole ont triplé au cours des 50 dernières années. Or, si l'eau douce est une ressource abondante, elle reste très mal répartie à l'échelle de la planète. À l'heure actuelle, de nombreux pays manquent d'eau et une personne sur cinq n'a pas accès à l'eau potable.

Une partie de l'eau utilisée en agriculture est perdue du fait de réseaux d'irrigation défectueux ou de mauvaises pratiques d'arrosage, et une autre partie retourne dans le milieu naturel chargée en polluants. On estime qu'environ 40 % de l'azote épandu sur les parcelles agricoles sont perdus en raison d'un excès d'engrais au regard des capacités d'absorption des plantes. Le surplus est alors entraîné par les pluies, dans les rivières et les nappes souterraines. Partout dans le monde, les produits phytosanitaires épandus sur les cultures s'infiltrent dans le sol et entraînent une pollution directe des cours d'eau et des océans.

Être attentif à la ressource en eau douce, c'est être attentif à la vie, et l'agriculture ne peut pas se désintéresser de cette question d'importance.

L'agriculture contribue également à la dégradation de la qualité de l'air, de par les incendies liés à la déforestation et par la pulvérisation de produits phytosanitaires. Les transports des matières premières agricoles, des engrais, des pesticides, des aliments pour animaux depuis leur lieu de production jusqu'à leur lieu d'utilisation, la mécanisation des travaux des champs contribuent au changement climatique, *via* les émissions dues à la combustion d'énergies fossiles.

L'agriculture et le changement climatique

Les gaz à effet de serre (GES) sont les composants gazeux qui, une fois libérés dans l'atmosphère, absorbent le rayonnement infrarouge émis par la surface de la Terre exposée aux rayons du Soleil, et l'empêche ainsi de renvoyer vers l'espace une partie de l'énergie solaire reçue.

Pour les trois quarts de ces émissions à l'échelle de la planète, il s'agit de dioxyde de carbone (CO_2), les autres gaz à effet de serre étant le protoxyde d'azote (N_2O dont le pouvoir réchauffant est 265 fois plus important que le CO_2), le méthane (CH_4 au pouvoir réchauffant 30 fois supérieur à celui du CO_2), mais aussi la vapeur d'eau (H_2O) et l'ozone (O_3).

Selon le Groupe intergouvernemental d'études sur le climat (GIEC), l'ensemble des GES émis par l'agriculture – élevage inclus – représente près de 25 % de la totalité des émissions dues aux activités humaines, essentiellement sous forme de CO_2.

67 % des émissions ont lieu au sein de la ferme par les activités agricoles, 27 % par la déforestation, 5 % par les incendies en zone tropicale et moins de 1 % sont des émissions indirectes par la production des engrais, des engins agricoles, *et cetera*.

Les émissions liées à l'agriculture ont plusieurs origines.

- Concernant l'élevage, la fermentation entérique, dans la panse du bétail ruminant (bovins et ovins), provoque des émissions de méthane (CH_4). La décomposition des déjections animales lors de leur stockage et de leur traitement dans les installations d'élevage intensif et hors-sol, émet également du méthane en absence d'oxygène, et du protoxyde d'azote (N_2O) par nitrification et dénitrification de l'azote en présence d'oxygène.
- Les cultures végétales *via* les épandages de fertilisants azotés provoquent des émissions de protoxyde d'azote, et la riziculture irriguée produit de grandes quantités de méthane.

• Enfin, du fait de la consommation d'énergies fossiles liée aux carburants des machines et à la fabrication, au transport et à l'épandage des engrais et autres intrants, aux travaux du sol et en particulier au labour, l'agriculture produit des émissions de gaz carbonique (CO_2).

L'agriculture reste la première cause de déforestation, particulièrement en Amérique et en Afrique. Au niveau de la planète, entre 2000 et 2019, 94 millions d'hectares de forêt ont disparu. Pourtant les surfaces agricoles destinées à l'alimentation diminuent depuis 2010 en raison de l'urbanisation, de la désertification, ou de l'expansion des cultures industrielles et énergétiques. Sur la même période, 127 millions d'hectares de terres agricoles ont également disparu.

Néanmoins, selon la FAO (2021) et toujours sur la même période, on a enregistré une augmentation de la production agricole végétale (+53 %) et animale (+44 %) dans le monde. L'augmentation de la production végétale est principalement due au développement de l'irrigation et à l'accroissement de l'usage des intrants – engrais minéraux et produits phytosanitaires. Sur la même période, la consommation totale de fertilisants minéraux a augmenté de 34 % dans le monde et celle des pesticides de 36 %.

Cette progression de la production agricole a permis en partie d'améliorer la sécurité alimentaire mondiale. Mais le défi pour l'agriculture est immense, car si l'agriculture joue un rôle négatif important sur le changement climatique à cause de ses émissions, elle en est aussi la première victime et doit s'adapter à ce contexte climatique en évolution.

Préserver la vie sur notre planète, y compris l'humanité, dépend des sols bien plus que nous en avons conscience. C'est pourquoi il est indispensable que les sols redeviennent vivants et en bonne santé au plus vite, tout en assurant l'alimentation des hommes à court, moyen et long terme.

Le contexte environnemental et climatique exige de mettre fin à la déforestation, de restaurer en espaces naturels une partie des espaces aujourd'hui utilisés par l'homme, et de préserver ceux qui sont encore intacts ou très peu touchés.

Il est donc nécessaire de restreindre l'artificialisation des surfaces pour l'urbanisation ainsi que les surfaces de terres utilisées pour la production agricole. Sur celles-ci, les modes de production agricole doivent changer, pour réduire l'impact négatif sur l'environnement, et même le renverser en impact positif.

Pour mener à bien cette (r)évolution de l'agriculture, nous disposons d'atouts considérables. En effet, les processus biologiques impliqués dans la production agricole constituent une large part de la solution de la lutte contre le changement climatique. La photosynthèse transforme le CO_2 de l'atmosphère en biomasse (racines, troncs, branches, tiges, feuilles, fleurs, graines) qui peut être restituée aux sols pour les protéger, en améliorer le fonctionnement et en augmenter la fertilité, une fois transformée en humus par leur décomposition progressive.

L'effet secondaire de ce processus est le stockage à plus ou moins long terme de carbone dans le sol. Celui-ci peut être plus ou moins important selon les systèmes et les techniques mais il peut permettre de diminuer d'autant la concentration de CO_2 dans l'atmosphère, et donc de lutter contre le dérèglement climatique.

Cela peut être accompli en intensifiant autrement la production agricole, particulièrement en s'inspirant des processus naturels, du fonctionnement de la nature, en suivant la voie de l'agroécologie. Changer les modes de production devra également s'accompagner d'une évolution appropriée des habitudes de consommation et du choix des produits. Il est notamment certain qu'un meilleur équilibre alimentaire entre les produits d'origine végétale et ceux d'origine animale, en n'oubliant pas que certains consomment trop de produits carnés pendant que d'autres n'y ont pas accès, permettrait également de réorienter la production agricole globale et l'usage qui en est fait.

Parler d'agriculture et travailler avec l'agriculture, c'est parler et travailler avec la vie, avec le vivant, ce n'est pas aussi simple qu'une équation mathématique ou un processus industriel maîtrisable et maîtrisé.

Comprendre le fonctionnement global et les fondamentaux de la biologie qui régissent la production agricole au sens large, ainsi que notre relation au vivant, est indispensable pour comprendre le type de solutions que nous devons mettre en œuvre.

Par ailleurs, pour envisager où nous devons aller, il est vital de savoir d'où l'on vient, de comprendre et de se remémorer les choix qui ont été les nôtres tout au long de l'histoire de l'humanité, du développement et de l'évolution au fil du temps de l'agriculture et des facteurs de changement.

Les deux prochains chapitres se proposent de parcourir rapidement ces aspects fondamentaux pour aborder de façon éclairée les solutions qui s'offrent à nous pour un avenir plus serein.

Et l'agriculture climato-intelligente ?

L'agriculture climato-intelligente (ACI) ou Climate Smart Agriculture (CSA) n'est pas à proprement parler une forme d'agriculture, contrairement à celles qui seront présentées dans la suite de ce livre. Il s'agit plutôt d'un concept qui a été lancé par la FAO, la Banque mondiale et d'autres organisations, après la conférence de Copenhague sur le climat en 2009, avec un objectif: nourrir neuf milliards d'êtres humains en 2050, dans le contexte du changement climatique.

Elle se définit comme un moyen pour aider des pays et divers acteurs à mettre en place les conditions politiques, techniques et financières qui leur permettront :

- d'augmenter la productivité et les revenus agricoles de façon durable, afin de garantir la sécurité alimentaire ;
- de renforcer la résilience et la capacité des systèmes agricoles et alimentaires à s'adapter au changement climatique ;

- de réduire voire d'éliminer les émissions de gaz à effet de serre de l'activité agricole pour atténuer le changement climatique.

Elle se conçoit comme une combinaison de pratiques agronomiques qui sont mises en œuvre pour maintenir ou augmenter la production agricole sous des régimes climatiques défavorables ou en dégradation. Ainsi, l'agriculture climato-intelligente n'est pas un ensemble de pratiques qui peuvent être universellement appliquées, mais une approche qui implique différents éléments inscrits dans un contexte local. Elle part du principe que les agriculteurs sont les principaux gardiens des connaissances sur leurs environnements, leurs agroécosystèmes, les régimes climatiques locaux, et que son adoption doit se faire en lien étroit avec les besoins de ceux-ci. Ainsi, il n'y a ni pratiques agricoles interdites, ni pratiques obligatoires.

Des ressources considérables ont été mobilisées pour promouvoir ce concept d'agriculture à l'échelle mondiale, mais les effets potentiels de son adoption généralisée n'ont pas encore été étudiés.

L'agriculture de précision, en ce qu'elle améliore l'usage des intrants – engrais minéraux, produits phytosanitaires de synthèse, semences améliorées, eau – par rapport à l'agriculture conventionnelle, constitue en soi un premier pas vers l'agriculture climato-intelligente. Elle réduit les pertes, les émissions de GES, optimise les usages, mais pour autant elle ne vise pas à les réduire drastiquement ou à les supprimer.

L'ACI est un pas dans la bonne direction qui cherche à prendre en compte les bonnes variables, mais qui reste encore insuffisante dans ses résultats.

Chapitre Deux
Des principes du vivant à leur substitution

Si nous n'avons pas fait d'études spécialisées dans le domaine du vivant, que savons-nous de la façon dont fonctionne la nature ? Avons-nous une idée de comment sont produits et fabriqués les aliments que l'on mange tous les jours, et, plus globalement, les grands principes qui régissent le monde dans lequel nous vivons ?

Aujourd'hui, nous connaissons une crise planétaire en raison du dérèglement du climat, de l'érosion de la biodiversité, de l'épuisement des ressources naturelles, et l'agriculture semble en être au centre. Pour être en mesure d'agir, il est important de comprendre les bases qui sont au cœur du problème… mais aussi de la solution !

Il s'agit ici de connaître les fondamentaux à l'œuvre dans ce que l'on appelle la production de biomasse, à savoir la somme de tout ce qui est vivant, et donc organique, à la surface de la Terre : les végétaux, les animaux, des plus petits aux plus grands, du microbe à la baleine bleue, en passant par… nous-mêmes.

La compréhension de ces principes de base permet de mieux cerner la façon dont l'homme s'y est pris pour optimiser sans cesse les processus naturels, pour détourner à son seul profit cette production et pour ainsi alimenter une population humaine toujours plus nombreuse, tout en réduisant ses efforts.

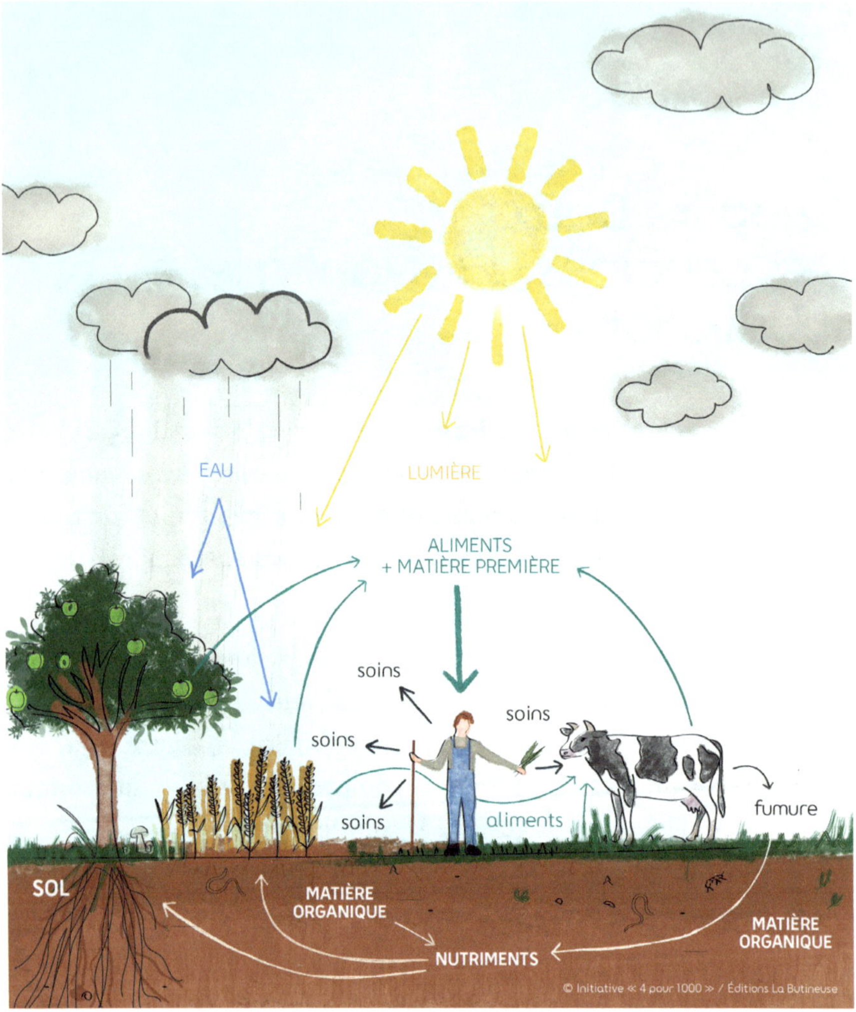

C'est ainsi qu'a été inventée l'agriculture qui peut être définie comme « l'ensemble des activités développées par l'homme, pour obtenir les produits végétaux et animaux qui lui sont utiles, en particulier ceux destinés à son alimentation » (Larousse).

Pour cela, l'homme a domestiqué des espèces animales et végétales, développé une maîtrise de plus en plus poussée de leur cycle biologique, nous faisant oublier parfois que ce sont des processus naturels fondamentaux qui restent à la base de toute production agricole.

Ces fondamentaux, ce sont la photosynthèse, ainsi que les quatre grands cycles de l'eau, de l'oxygène, du carbone et de l'azote ; ce sont enfin les interactions entre les végétaux, les animaux, leur environnement naturel et l'homme.

La photosynthèse

Beaucoup d'entre nous ont entendu parler de photosynthèse à l'école, le plus souvent au collège, mais plus ensuite. Nous nous souvenons généralement du fait que les plantes utilisent du gaz carbonique pour grandir, qu'elles ont besoin d'eau et de lumière, et que c'est grâce aux arbres que nous pouvons respirer.

Une définition très simple dit que la photosynthèse est le processus par lequel la plante élabore son propre aliment, ce qui est déjà en soi remarquable. Pour y parvenir, elle a besoin de quatre éléments fondamentaux :

- l'énergie lumineuse, généralement solaire ;
- le dioxyde de carbone, nom scientifique du gaz carbonique (CO_2) ;
- l'eau (H_2O), transportée par la sève de la plante, depuis le sol ;
- les chloroplastes, présents dans les cellules des feuilles vertes, qui ont la capacité de capter l'énergie lumineuse comme des panneaux solaires, et qui sont le lieu de la photosynthèse.

En retour, la plante produit des sucres tout en rejetant de l'oxygène. Ainsi, lorsqu'une plante rejette de l'oxygène, elle se nourrit en même temps d'une sève sucrée qui circule en elle.

Sous forme d'équation chimique, la photosynthèse peut être résumée de la façon suivante :

$$6\,CO_2 + 12\,H_2O + \textbf{énergie lumineuse} \Rightarrow 1\,C_6H_{12}O_6\ (\text{sucre}) + 6\,O_2 + 6\,H_2O$$

Le carbone minéral (composant du CO_2) et l'eau (H_2O) sont les deux éléments de base en sus de l'énergie du Soleil, pour la photosynthèse et donc pour la vie. Sans eux, pas de captation de CO_2 dans l'atmosphère, pas de rejet d'oxygène, pas de production de sucre, pas de croissance des plantes, pas de production agricole, pas d'animaux, pas d'humains.

Dans ce processus, les végétaux chlorophylliens jouent un rôle irremplaçable. Ils sont, avec quelques groupes de bactéries, les seuls êtres vivants capables d'élaborer des substances organiques, qui vont constituer la biomasse végétale et le vivant à partir d'éléments minéraux.

Les océans jouent un rôle essentiel dans la photosynthèse, grâce au plancton végétal qui constitue une biomasse encore plus importante que celle des forêts. Ce sont ces minuscules organismes végétaux photosynthétiques, cyanobactéries et microalgues, qui participent le plus au renouvellement de l'oxygène dans l'air que nous respirons. En fonction des études, ils seraient à la source de 50 à 85 % de la production totale d'oxygène.

L'eau, l'oxygène et le carbone, au cœur du processus de la photosynthèse, entrent chacun dans un cycle, au sein duquel ils interagissent entre eux et avec leur environnement. Il ne faut cependant pas oublier celui de l'azote, qui joue lui aussi un rôle indispensable pour la vie sur Terre.

Le déroulement de ces quatre cycles peut être perturbé par les activités humaines et notamment par les pratiques agricoles. Il est primordial d'en comprendre le fonctionnement de base, car ils sont tout simplement les piliers de l'équilibre de la vie sur Terre.

Les grands cycles

L'eau

Le fait que l'eau soit indispensable à la vie est une évidence connue de tous. Les plantes doivent trouver de l'eau à portée de leurs racines et au bon moment pour se développer, car elle est un constituant biologique essentiel pour tous les organismes vivants.

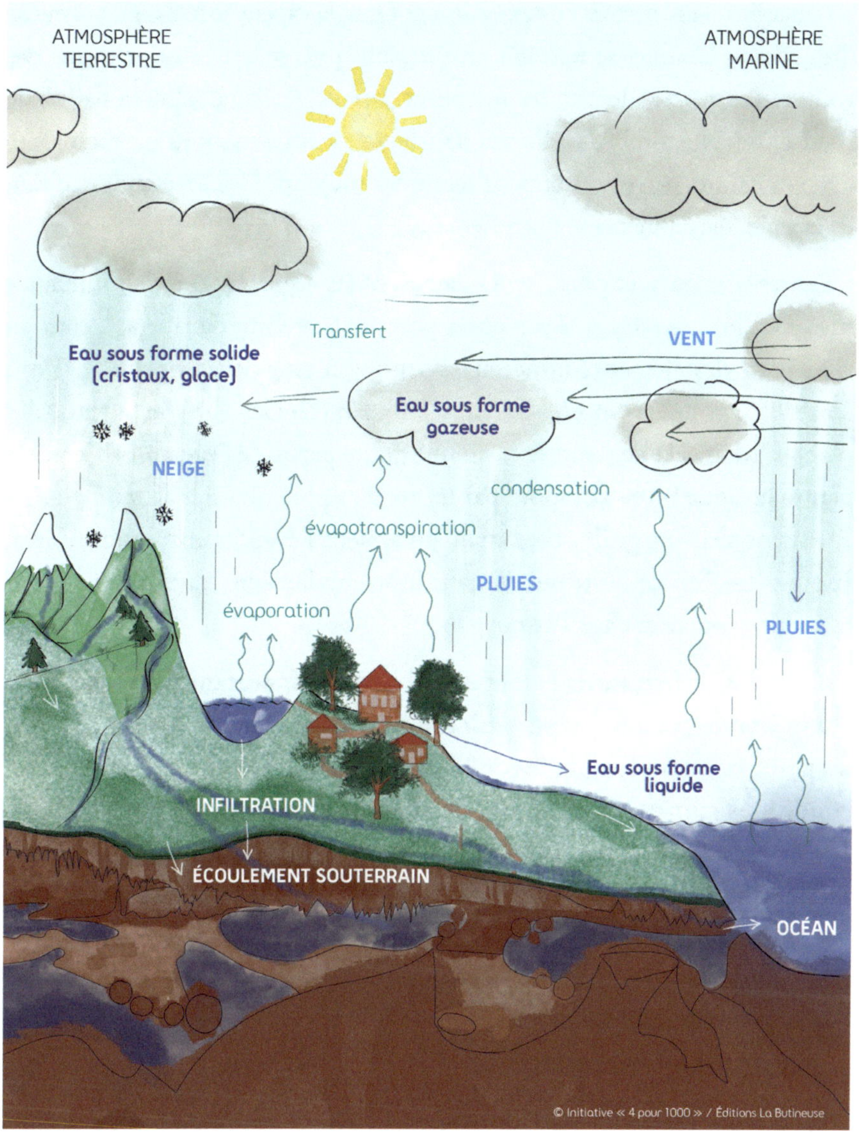

L'eau ne cesse de circuler entre ses grands réservoirs : océans, glaciers et calottes glaciaires, eaux souterraines, cours d'eau, lacs, sols, vapeur d'eau, nuages, êtres vivants. Le moteur du cycle de l'eau est l'énergie solaire qui, en favorisant son évaporation, entraîne tous les autres échanges et notamment la photosynthèse et la respiration.

L'énergie solaire permet l'évaporation de l'eau, la vapeur se mélange à la masse d'air atmosphérique, se refroidit en s'élevant, puis se condense et forme des gouttelettes qui donneront des nuages et la pluie. Celle-ci, selon la nature de l'endroit où elle tombe, s'infiltrera dans le sol, le sous-sol, plus ou moins vite selon sa nature, ou ruissèlera pour retourner toujours dans les étendues d'eau, en entraînant sédiments et nutriments…

Les êtres vivants, et plus particulièrement les végétaux, ont une influence sur ce cycle. Les racines des plantes pompent de l'eau dans le sol, tout en absorbant des éléments minéraux essentiels à leur développement. L'eau est utilisée pour transporter ces minéraux à travers les tiges ou le tronc des plantes. Mais cela ne représente qu'une petite partie de l'eau absorbée par la plante puisque 98 % s'évapore par les feuilles pour abaisser sa température et éviter qu'elle ne grille : c'est ce qu'on appelle l'évapotranspiration. Ainsi, la quasi-totalité de l'eau puisée dans le sol ne fait que traverser le végétal avant de s'évaporer dans l'atmosphère.

Quand la sécheresse de l'air et du sol est trop importante, la plante peut complètement stopper sa transpiration en fermant ses stomates, que sont les petits trous sur les feuilles qui s'ouvrent ou se ferment en fonction des conditions climatiques. Cela peut conduire à la mortalité des feuilles si la chaleur et le manque d'eau perdurent trop longtemps. Aucune plante ne peut se développer en l'absence totale d'eau, mais leurs besoins sont extrêmement différents en fonction des variétés et des espèces, et la quantité d'eau disponible influence énormément la production végétale.

L'oxygène et le carbone

Avec l'eau, l'**oxygène** est l'autre élément qui est spontanément associé à la vie par la respiration.

Au cours de la respiration cellulaire, qui est en quelque sorte le processus inverse de la photosynthèse, la molécule de dioxygène O_2 brûle les sucres, et les transforment en molécules de dioxyde de carbone CO_2 et

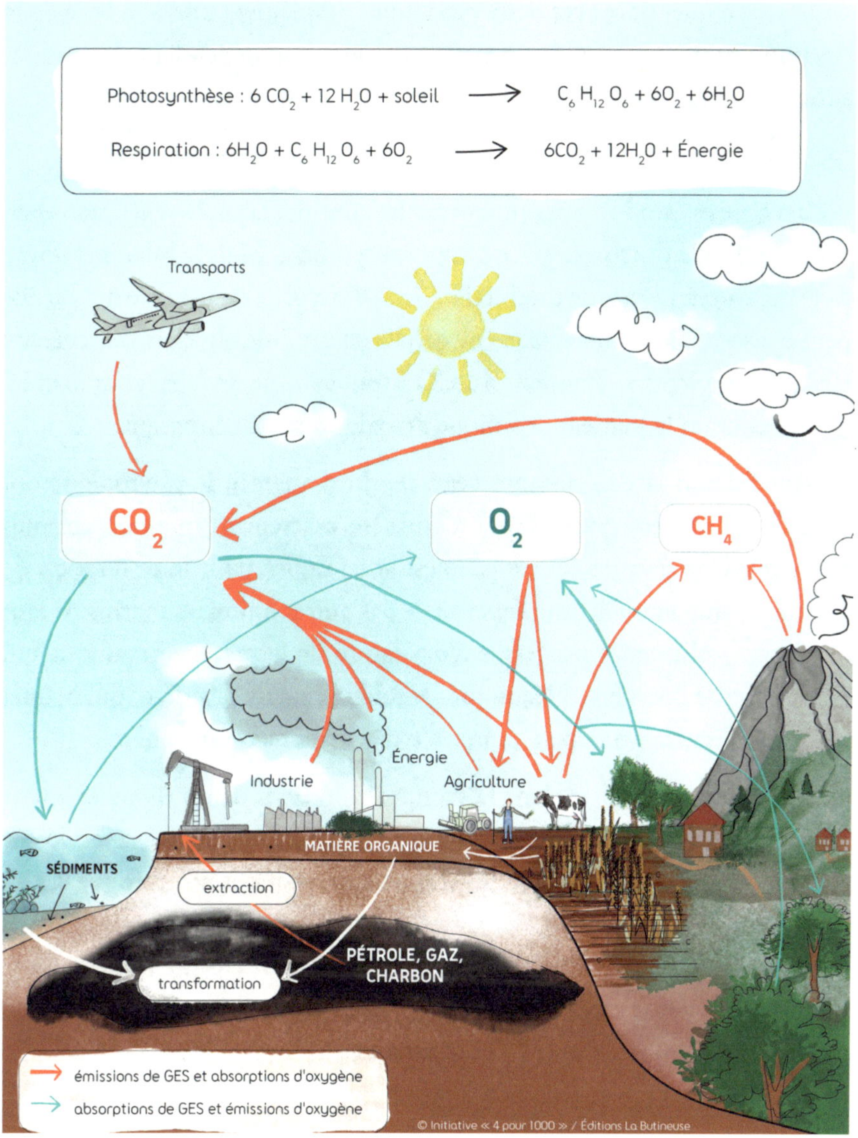

d'eau H_2O. Ce processus produit également de l'énergie et on peut le résumer dans la formule ci-dessous :

$$C_6H_{12}O_6 \text{ (sucre)} + 6\ O_2 + 6\ H_2O \Rightarrow 6\ CO_2 + 12\ H_2O + \text{énergie}$$

On voit à quel point ces deux processus complémentaires à la base de la vie, photosynthèse et respiration, nous rendent tous dépendants les uns des autres : végétaux, animaux, et humains.

Comment fonctionnent les cycles de l'oxygène et du carbone ?

L'oxygène est produit notamment sur les continents par la végétation et en particulier celle des forêts grâce à la photosynthèse. Mais le bilan net d'une forêt mature en termes de production nette d'oxygène est presque nul car elle peut consommer autant d'oxygène qu'elle en produit. En effet les végétaux eux aussi respirent et émettent du CO_2, tout comme les êtres vivants qui y vivent, et enfin la matière organique s'oxyde en se décomposant.

Dans l'océan la composante végétale du plancton, le phytoplancton, produit de l'oxygène grâce à la photosynthèse, exactement comme les plantes terrestres. Une part de cet oxygène est aussi utilisé pour la respiration de la composante animale du plancton et des autres animaux marins. Il faut enfin comptabiliser le processus d'oxydation de la matière organique qui consomme de l'oxygène. Néanmoins le solde demeure positif, ce qui permet à l'océan d'être la principale source d'oxygène pour l'atmosphère.

Le **carbone**, lui, entre dans la composition de tous les tissus animaux et végétaux, et on peut même dire que le principe de vie est fondé sur l'utilisation de composés à base de carbone. Le carbone atmosphérique (CO_2) est capté par la photosynthèse, transformé en sucres, puis transmis à tous les êtres vivants à travers la chaîne alimentaire. Il est ensuite rejeté comme déchet par la respiration, ce qui le restitue à l'atmosphère, ou rendu au sol par la décomposition des cellules organiques.

Dans les écosystèmes en équilibre parfait, l'intégralité de la matière organique sert à la respiration et est consommée par les prédateurs, les nécrophages, ou les micro-organismes fossoyeurs. Les cycles de l'oxygène et du carbone s'équilibrent et il n'y a pas de surplus. C'est le cas de l'écosystème Terre.

Mais les écosystèmes de plus petite échelle ne sont en général pas équilibrés. D'une part, un surplus d'oxygène est rejeté dans l'atmosphère ; d'autre part, de la matière organique s'échappe, n'est pas oxydée, et contribue à un stockage de carbone dans le sol par la sédimentation ou la fossilisation.

Les forêts, les prairies naturelles stockent du carbone. Un exemple particulièrement parlant est celui des tourbières, qui stockent des quantités importantes de débris végétaux dans les sols humides. Au fond de l'océan, une partie seulement de la matière organique qui s'accumule est oxydée, et une autre partie se dépose pour être incorporée dans les sédiments où elle est conservée à l'abri de l'oxygène.

On estime que cette biomasse morte représente une quantité de carbone deux fois supérieure à celle de la biomasse « vivante ». Accumulée au cours des millions d'années des ères géologiques, elle est à l'origine des gisements de combustibles fossiles tels que le charbon, le pétrole et le gaz.

On voit à quel point les cycles de l'oxygène et du carbone sont absolument indissociables et régulent la vie sur Terre. Dans une grande mesure, c'est donc le taux d'enfouissement du carbone organique, ainsi que celui de l'oxydation des matériaux terrestres, qui vont contrôler le taux d'émission et la teneur en oxygène dans l'atmosphère.

L'azote

L'eau et l'oxygène sont spontanément associés au vivant. Sans eux, notre vie est immédiatement en danger. L'association du carbone avec le vivant est déjà moins évidente pour les non avertis, et celle de l'azote l'est encore moins. Pourtant, ce quatrième élément fondamental est une clé essentielle, notamment en ce qui concerne l'agriculture.

Qui n'a pas entendu parler d'engrais azotés, et de problèmes de nitrates dans les eaux souterraines ? On peut déjà aider un peu à la compréhension en disant que ces deux mots parlent presque de la même chose. En effet, les nitrates sont une des formes de l'azote quand il est associé à d'autres molécules. On peut aussi dire que l'azote est extrêmement important pour

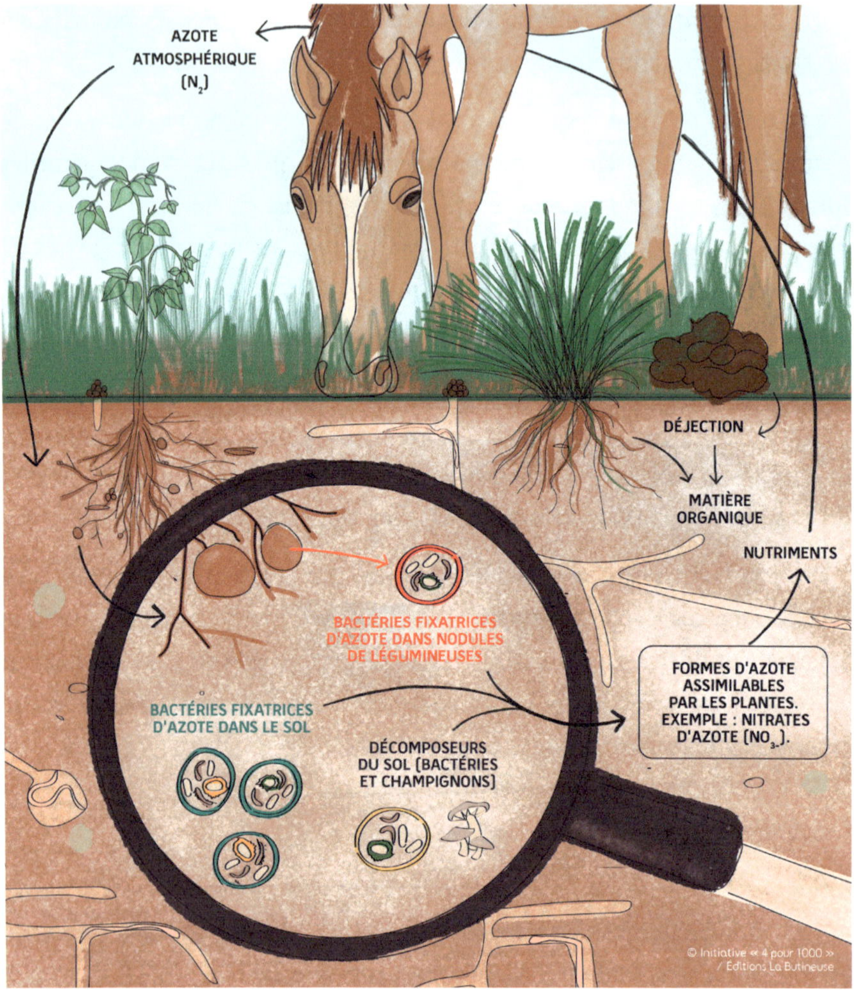

la vie, mais que son cycle est un peu – voire beaucoup – plus compliqué que celui de l'eau, de l'oxygène, voire du carbone.

Essayons donc quand même d'y voir un peu plus clair. Tout d'abord, l'azote est de très loin le gaz le plus abondant autour de nous : en effet, environ 78 % de notre atmosphère terrestre est composée d'azote ! Il s'y trouve sous une forme moléculaire simple, le diazote, de formule N_2. Les organismes vivants ont un besoin vital de cet azote pour se développer et fabriquer les briques élémentaires de toutes leurs cellules, qu'elles soient végétales ou animales.

Le problème, c'est que l'immense majorité des organismes vivants (à commencer par nous) n'est pas capable d'utiliser directement l'azote brut de l'atmosphère. Ils ont besoin d'azote fixé, dans lequel les atomes d'azote se sont liés à d'autres atomes pour former des molécules plus complexes. Par exemple, en se fixant à de l'hydrogène, l'azote fait de l'ammoniac (NH_3), ou des nitrates (NO_3^-) avec de l'oxygène.

La solution principale qui existe dans la nature pour pallier à ce problème est d'utiliser les bactéries du sol. On comprend déjà mieux pourquoi cela nécessite d'avoir un sol poreux et bien aéré : sans cela l'azote de l'atmosphère ne peut tout simplement pas y pénétrer et entrer dans le monde du vivant. Dans ce sol aéré, les bactéries engendrent une chaîne de processus chimiques pour transformer l'azote en ammoniac soluble dans l'eau, puis en nitrites et enfin en nitrates assimilables par les végétaux. Ces derniers vont ensuite le transformer en matière organique.

Les organismes vivants qui, comme les animaux et l'homme, ne peuvent pas assimiler directement les nitrates ou l'ammoniac, dépendent donc entièrement de l'azote organique provenant de leur nourriture. Les végétaux constituent la source primaire d'azote assimilable par les animaux.

Les hommes ont compris que des apports de matières azotées pouvaient faciliter la croissance des cultures. En apportant des engrais aux plantes, ils leur fournissent directement de l'azote sous forme de nitrate NO_3^-, d'ammonium NH_4^+ ou d'urée $CO(NH_2)_2$.

Ces apports viennent se substituer à l'azote du sol produit par l'activité des bactéries. La conséquence logique est la diminution voire la disparition de ces bactéries devenues inutiles, et donc de la vie et de la matière organique. On parle d'appauvrissement et on peut aller jusqu'à évoquer la mort du sol.

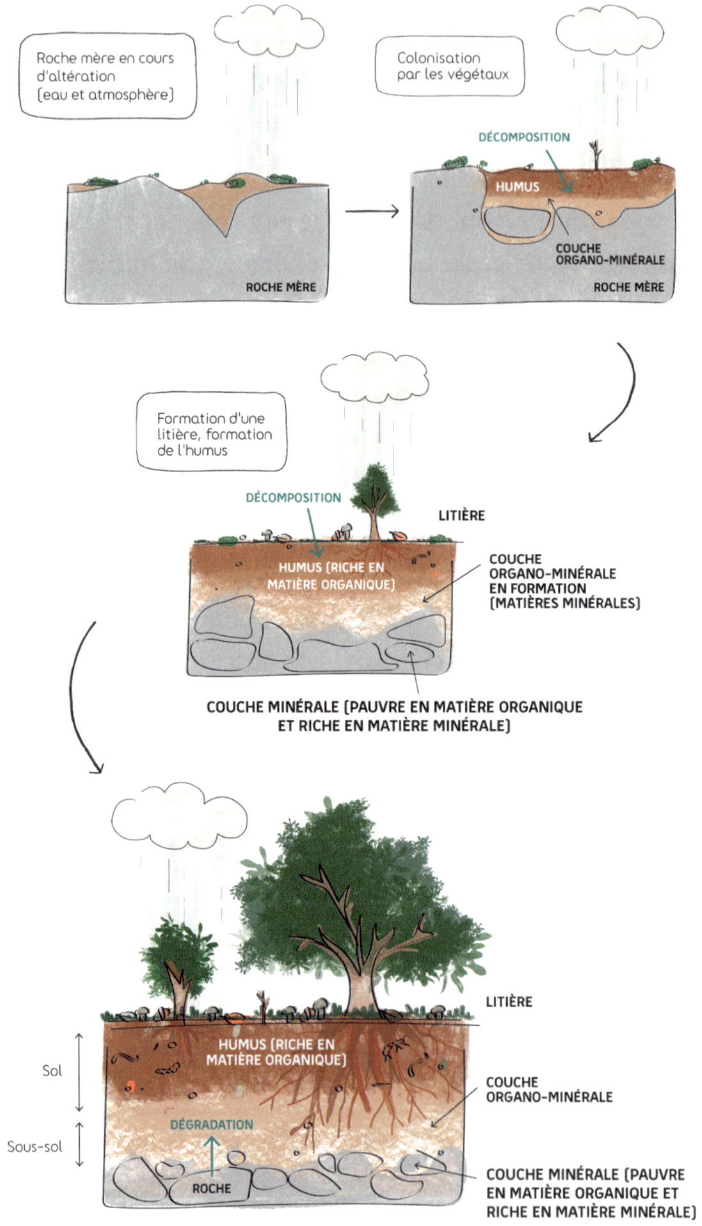
Roche mère en cours
d'altération
(eau et atmosphère)
ROCHE MÈRE
Colonisation
par les végétaux
DÉCOMPOSITION
HUMUS
COUCHE
ORGANO-MINÉRALE
ROCHE MÈRE
Formation d'une
litière, formation
de l'humus
DÉCOMPOSITION
LITIÈRE
HUMUS (RICHE EN
MATIÈRE ORGANIQUE)
COUCHE
ORGANO-MINÉRALE
EN FORMATION
(MATIÈRES MINÉRALES)
COUCHE MINÉRALE (PAUVRE EN MATIÈRE ORGANIQUE
ET RICHE EN MATIÈRE MINÉRALE)
LITIÈRE
Sol
Sous-sol
HUMUS (RICHE EN
MATIÈRE ORGANIQUE)
COUCHE
ORGANO-MINÉRALE
DÉGRADATION
ROCHE
COUCHE MINÉRALE (PAUVRE
EN MATIÈRE ORGANIQUE ET
RICHE EN MATIÈRE MINÉRALE)

Les rôles essentiels du sol

L'immense majorité d'entre nous n'a guère de conscience du sol. Le fait que nous soyons, en grande majorité, totalement urbains, et que nous passions nos vies à fouler des sols artificialisés, n'est sans doute pas fait pour aider. Le sol est là, c'est une évidence, il a toujours été là, on le prend pour acquis, et le reste est certainement une affaire de spécialistes. Vraiment ? Mais qu'est-ce donc que le sol ? Et pourquoi devrions-nous tous nous y intéresser ?

Techniquement parlant, il s'agit de la partie superficielle de l'écorce terrestre, et d'un mélange de plusieurs éléments de nature différente. Il est composé pour une part de matière minérale, issue de la roche-mère décomposée par le climat, plus ou moins grossière ou fine – graviers, sable, limon, argile. Pour une autre part, il est composé de matière organique, de biomasse en divers états.

Il ne se forme que de manière extrêmement lente, il n'a pas toujours été là, et il n'est pas si épais que cela : à peine quelques centimètres ou quelques mètres d'épaisseur. Il faut parfois des centaines, voire des milliers d'années pour former un seul centimètre de sol à partir de la roche-mère, mais ce centimètre de sol peut se perdre en l'espace d'une seule année avec l'érosion, et sa perte n'est pas récupérable au cours d'une vie humaine.

Il est avant tout une ressource naturelle essentielle au maintien de la vie sur Terre, le support vivant qui permet aux plantes, et par voie de conséquence immédiate aux animaux et aux humains, de se développer en leur fournissant des nutriments et de l'eau. Il ne peut le faire que grâce à la contribution invisible de milliards d'insectes, de petits animaux, de bactéries, de champignons et autres micro-organismes qu'il abrite.

Dans le sol, la matière organique est présente sous différentes formes. Elle est dite « vivante » lorsqu'elle est représentée par tous les êtres en activité, qu'ils soient d'origine animale, végétale ou microbienne ; la matière organique dite « fraîche » correspond aux débris de ces différents êtres ; enfin la matière organique stabilisée, que l'on appelle aussi humus, provient de l'évolution des matières précédentes.

Cette matière organique est principalement constituée de carbone, élément fondamental du vivant : c'est pourquoi on parle de carbone organique du sol (COS).

L'essentiel de notre nourriture provient du sol. Un sol fertile est un sol vivant, riche en vers de terre et en d'innombrables animaux et végétaux, dont des champignons et bactéries qui contribuent au recyclage de la matière organique et maintiennent une bonne porosité.

Il doit avoir une structure et une profondeur qui permettent aux plantes de développer leurs racines pour s'ancrer, de retenir l'humidité et évacuer l'eau en excès. Sa composition doit permettre un bon approvisionnement en éléments nutritifs, en eau et en oligo-éléments.

Le sol constitue le plus grand réservoir de carbone organique terrestre, ce qui est à la fois colossal et globalement méconnu. On estime que le sol recèle plus du double de la quantité de carbone stockée dans les végétaux, et le triple de celle présente dans l'atmosphère. Le sol joue donc un rôle majeur dans l'atténuation du changement climatique car il permet de stocker, voire de séquestrer du carbone.

Enfin, un quart de la diversité biologique de la planète provient du sol. On estime en effet que 360 000 espèces d'animaux vivent dans le sol et que la biodiversité des sols pourrait constituer 25 % du total des espèces vivantes décrites dans le monde entier, bien que la majeure partie de cette diversité reste encore inconnue à ce jour. (État des ressources en sols du monde, FAO 2015)

La biodiversité

De tous les éléments qui sont en haut de l'affiche lorsqu'on évoque les problèmes environnementaux, la biodiversité est sans doute le plus difficile à présenter, au-delà des émotions suscitées par les grands mammifères menacés en Arctique ou en Afrique.

BIODIVERSITÉ
DES ÉCOSYSTÈMES

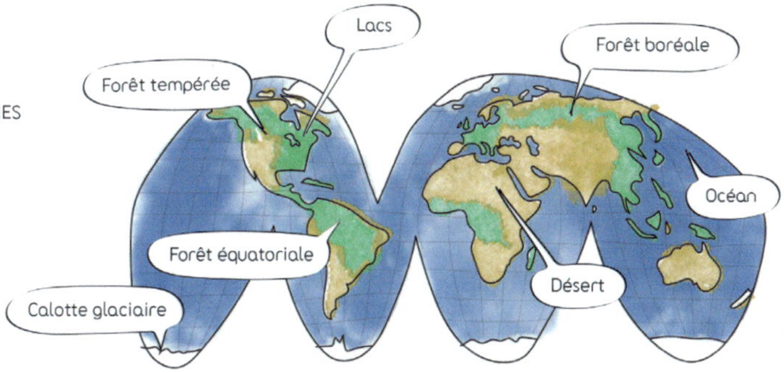

BIODIVERSITÉ
DES ESPÈCES

BIODIVERSITÉ GÉNÉTIQUE
(DIVERSITÉ INTERNE
À L'ESPÈCE)

Un écosystème repose sur les interactions entre toutes ses composantes, qu'elles soient végétales ou animales. Pour que cela fonctionne, il est nécessaire d'avoir une grande diversité à tous les niveaux d'organisation du vivant, du gène en passant par la plante, l'animal et les populations de chacun d'eux.

Cette biodiversité existe à différents niveaux d'organisation interdépendants qui s'emboîtent.

- La **diversité écosystémique** est le niveau supérieur, la diversité des écosystèmes présents sur Terre. Si un écosystème se définit comme l'ensemble formé par une association d'êtres vivants et son environnement biologique, géologique, hydrologique, climatique, il existe donc une infinité d'écosystèmes différents. Chacun est caractérisé par des interactions, des flux de matière et d'énergie entre chacun de leurs constituants.
- La **diversité spécifique** ou « diversité des espèces » est la plus visible ; elle correspond à la diversité des espèces vivantes, par leur nombre, leur nature et leur abondance. Les espèces ne sont pas réparties uniformément sur la surface du globe et un certain nombre de « points chauds » de biodiversité ont été identifiés et délimités à la surface de la Terre.
- La **diversité génétique** se définit par la variabilité des gènes au sein d'une même espèce. Elle est essentielle pour permettre à chaque espèce de s'adapter aux modifications de son environnement.

L'homme et l'artificialisation

La survie de l'homme dépend de l'eau et de la quantité de nourriture qu'il a à sa disposition. Pour accroître cette quantité, l'homme a inventé l'agriculture en développant des écosystèmes particuliers que l'on appelle des agrosystèmes. Ceux-ci fonctionnent grâce à des flux d'énergie et de matières. L'agriculture est donc d'abord la résultante d'une interaction naturelle entre des végétaux, des animaux, le sol, l'atmosphère et l'énergie solaire, avec l'intervention de l'homme.

En cherchant à produire toujours plus, l'homme est intervenu de plus en plus sur le fonctionnement des cycles naturels, en allant jusqu'à les perturber voire les rompre.

En déboisant pour exploiter de nouvelles terres agricoles, l'homme modifie tous les cycles biologiques et chimiques essentiels à la vie.

En apportant des engrais azotés de synthèse, l'homme prend la place des bactéries fixatrices d'azote et perturbe grandement leur activité et le cycle naturel de l'azote.

En sélectionnant des espèces et des variétés plus productives, il appauvrit la biodiversité naturelle et créé des plantes et des animaux très exigeants qui ont besoin d'une assistance humaine permanente.

En détournant de très grandes quantités d'eau douce pour irriguer, il perturbe le cycle de l'eau. Les conséquences du développement de l'agriculture intensive sur le fonctionnement des écosystèmes sont nombreuses, indéniables et de façon générale, négatives. Nous y reviendrons.

L'homme a substitué à tous les processus naturels des méthodes totalement dépendantes des énergies fossiles, non renouvelables, elles-mêmes originellement produites par la nature. C'est un « dopage » artificiel de très court terme puisque l'humanité a déjà consommé en quelques décennies la majeure partie du pétrole et du gaz naturel avec lequel sont fabriqués tous les substitutifs que sont les engrais, les produits phytosanitaires, les carburants...

Ainsi, si la science a permis de comprendre les mécanismes naturels, elle a aussi contribué à les contourner et à s'en affranchir dans certains cas, notamment à l'aide des combustibles fossiles. Force est de constater que ce mode de fonctionnement artificiel montre aujourd'hui ses limites.

Chapitre Trois
L'homme et les sols – Brève histoire de l'agriculture

Pourquoi s'intéresser à l'histoire de l'agriculture ? L'évolution de la population mondiale, sa croissance, n'a pu se faire qu'à travers de profonds changements dans sa façon de s'approvisionner en nourriture. Ces changements sont fondamentalement liés à sa capacité à maîtriser l'énergie, à fabriquer des outils, à domestiquer progressivement la nature, à faire évoluer son alimentation. Les hommes, en se développant, se sont continuellement heurtés à des limites, qu'ils ont sans cesse cherché à repousser en intervenant sur les cycles de la nature.

À l'heure où il nous est indispensable de déployer à grande échelle de nouvelles pratiques, il est particulièrement intéressant de mettre en perspective les grandes étapes de l'histoire de l'agriculture.

Naissance de l'agriculture

Les premières traces d'agriculture connues actuellement, caractérisées par la culture de plantes et la domestication d'animaux à des fins alimentaires, remontent au Néolithique, il y a environ 12 000 ans dans la région appelée le croissant fertile au Proche-Orient.

Si l'on pense que la domestication du feu par l'homme remonte à plus de 400 000 ans, et sans doute plus d'après des découvertes récentes, cette invention de l'agriculture semble toute récente. Pendant des millénaires, les hommes ont subvenu à leurs besoins en pratiquant la cueillette, la chasse et la pêche, en étant totalement intégrés dans leur milieu naturel. Les débuts de l'agriculture marquent l'aube d'une profonde mutation des société humaines qui se sédentarisent, et se mettent à transformer leur environnement et leur alimentation.

Il est possible qu'un début de réchauffement postglaciaire, il y a environ 12 000 ans, ait déclenché dans cette région du croissant fertile le passage progressif d'une steppe pauvre à une savane riche en céréales sauvages et parcourue par des gibiers variés. Certaines communautés de chasseurs-cueilleurs auraient adopté de nouveaux systèmes alimentaires centrés sur l'exploitation de ces ressources et se seraient installées dans un lieu permanent. L'agriculture n'a pas été encore à proprement parler inventée, car il est probable que les tous premiers semis se firent de manière accidentelle à proximité des habitations, sur les lieux de préparation culinaire des céréales sauvages. Mais ces semis accidentels seraient à l'origine des premières formes d'agriculture, sur des terrains déjà défrichés et enrichis par les déchets domestiques. Elles seraient aussi apparues sur les terres enrichies par les crues des rivières.

Le développement de ce nouveau mode de vie fut favorisé par l'apparition d'outils en pierre polie tels que la hache qui permit de défricher, mais aussi de couper et façonner le bois pour construire des habitations. Ainsi, vers le milieu du 10e millénaire avant notre ère, les chasseurs-cueilleurs sédentaires vont progressivement se mettre à intervenir sur les cycles naturels en favorisant certaines plantes et certains animaux. Ils vont aussi soustraire à la consommation immédiate une part de la récolte pour la réserver comme semence, et sélectionner certains animaux pour la reproduction.

L'agriculture proche-orientale s'est étendue dans toutes les directions à compter de -9000. L'agriculture chinoise s'est élargie vers -4000 dans l'ensemble de l'Asie du Sud et de l'Est. Elle est parmi les plus avancées au monde avec d'abord le millet au nord et le riz au sud qui vont peu à peu être domestiqués. Très vite, les échanges entre les différentes régions chinoises vont permettre de développer d'autres céréales comme le blé, l'orge et l'avoine. Aux alentours de -6000, l'agriculture centre-américaine à base de maïs s'est développée sur les continents sud et nord-américains, et l'agriculture néo-guinéenne à base d'un tubercule appelé taro vers les îles indonésiennes et du Pacifique.

En quittant leurs foyers d'origine, les cultivateurs ont rencontré différents types de végétation, de prairies favorables au développement de l'élevage, mais aussi de forêts.

Les terres naturellement propices à la culture étant limitées, ils ont rapidement été obligés de défricher, en abattant les arbres avant de les brûler. Cette technique d'abattis et de brûlis permet une ou deux années de culture sur un terrain dégagé et fertilisé par les cendres. Il est ensuite laissé au repos pendant 25 à 30 ans, période pendant laquelle une forêt secondaire beaucoup moins riche en biodiversité remplace la forêt primaire initiale, qui donne lieu à un nouveau défrichage. Cette technique est toujours employée aujourd'hui dans certaines régions d'Afrique, d'Amérique du Sud et d'Asie.

Entre -8000 et -3000, on estime que la population humaine se multiplie par 10, passant de 5 à 50 millions, alors qu'il avait fallu 400 000 ans pour que l'humanité atteigne 5 millions d'habitants. La conséquence est un accroissement considérable des déboisements. Lorsque le brûlage revient trop souvent sur la même parcelle, la forêt n'a pas le temps de se reconstituer, une dégradation des sols s'amorce et on atteint les limites du système. Le manque de terres fertiles, combiné à une population en croissance, a généré une crise alimentaire qui s'est perpétuée pendant des siècles.

Il faut attendre le début de l'Antiquité vers -3000 pour que les agriculteurs parviennent à surmonter deux difficultés majeures : tout d'abord, assurer le renouvellement de la fertilité des terres cultivées autrement que par le brûlage ; ensuite, parvenir à lutter contre la végétation pour pouvoir semer.

Cela conduisit à l'émergence progressive de nouvelles pratiques agricoles, post-forestières, très différenciées.

Dans les régions arides, les peuples de cultivateurs ou d'éleveurs vont progressivement se replier vers les zones où l'eau reste abondante et développer des cultures irriguées grâce à de nouveaux systèmes pour tirer profit des eaux des grands fleuves.

Dans les régions tropicales humides, les ricicultures irriguées s'installent dans les fonds de vallée fertiles, en luttant contre la submersion par les pluies et les crues. Les premières rizières sont implantées dans des plans d'eau naturels et utilisent des variétés de riz flottant, capables d'adapter la longueur de leur tige aux fluctuations du niveau d'eau.

Dans les savanes intertropicales, les cultures à la houe, petit outil manuel de travail du sol, permettent le défrichage des herbes sur des sols peu fertiles et peu épais.

Enfin, dans les régions tempérées va se développer le concept de système agraire.

Premiers systèmes agraires

Dans les zones tempérées, le déboisement du Néolithique va conduire à mettre en place un nouveau système basé sur la différenciation des espaces. C'est la naissance des systèmes agraires, aussi rendue possible par les progrès considérables dans la fabrication des métaux et alliages.

Le début de l'Antiquité coïncide à peu près avec l'âge du bronze qui va entraîner des échanges de matériaux sur de grandes distances. Les mines d'étain et de cuivre, les deux éléments nécessaires à la fabrication du bronze, étant souvent éloignées, le développement à grande échelle du commerce de matériaux va accélérer la circulation des savoirs agricoles. La maîtrise du fer, aux alentours de -1100 dans le monde méditerranéen va permettre la fabrication d'outils plus performants comme l'araire, ancêtre de la charrue, qui vont faciliter les défrichages, le travail de la terre et économiser de la main d'œuvre agricole. Cela va permettre à d'autres activités humaines non directement productives de se développer.

Les zones accidentées soumises à l'érosion ou infertiles servent de pâtures aux animaux. Les sols de fonds de vallée plus fertiles sont réservés à la culture des céréales et légumineuses. Les céréales d'hiver, présentes environ neuf mois, alternaient en général avec une friche en herbe de quinze mois ou jachère, formant ainsi une rotation sur deux ans. Pour renouveler la fertilité des champs cultivés, les animaux, qui pâturaient le jour dans les prés environnants, étaient parqués toutes les nuits sur les jachères afin qu'ils y déposent leurs déjections.

Ces systèmes agraires, qui perdureront jusqu'à la chute de l'Empire romain d'Occident (476) présentent l'avantage de s'autofertiliser grâce au pacage nocturne des animaux sur les jachères ; ils sont donc renouvelables sur plusieurs années et ne nécessitent pas un défrichage constant de nouvelles terres. Ils ont cependant des rendements en grains faibles car les cultures sont infestées de mauvaises herbes et la fertilisation est limitée car les animaux sont peu nombreux. Ces systèmes ne peuvent nourrir que de faibles densités de population, de 20 à 30 habitants par km^2 en zone méditerranéenne, environ 15 habitants par km^2 en Europe médiane, et 8 habitants par km^2 en Europe du Nord.

Pendant cette période, en Chine, les méthodes utilisées en agriculture sont souvent plus élaborées que dans le reste du monde. Les systèmes de culture et d'élevage y sont très variés. Certaines activités très techniques sont importantes et auréolées de prestige. C'est par exemple le cas de l'élevage des vers à soie associé à la culture du murier, de la culture des plantes à papier comme le chanvre, le lin et le bambou, ou de l'aquaculture qui mixe l'élevage de poissons et la culture de plantes aquatiques. Les Chinois ont compris l'intérêt de l'alternance des cultures et de la fertilisation, et ils développent très tôt de nombreux outils et aménagements hydrauliques à grande échelle.

De même en Mésopotamie, qui correspond plus ou moins à l'Irak actuel, et qui est soumise à des contraintes fortes d'aridité et de pauvreté des sols, l'agriculture a reposé très tôt sur des systèmes irrigués complexes et très efficaces. Les aménagements humains, tirant profit de la présence de grands fleuves et de relief bas, ont renversé ces contraintes et fait de cette région un des espaces agricoles les plus productifs du monde antique. Le creusement de canaux et la mise en culture de vastes surfaces, essentiellement de céréales, ont permis le développement d'une riche agriculture irriguée, au prix de travaux constants.

Dans l'Europe tempérée, la chute de l'Empire romain d'Occident en 476 marque le début du Moyen-Âge. Les progrès de la métallurgie continuent de faire évoluer les pratiques agricoles.

L'espace est désormais organisé en deux secteurs bien différenciés et distants. D'un côté les champs cultivés, de l'autre les jachères pâturées pour éviter que les animaux ne piétinent les cultures. Chaque secteur est alternativement en culture et en jachère, pour continuer de bénéficier des apports laissés par les déjections animales. Dans les zones à hiver froid, où la faible disponibilité de l'herbe limitait la taille des troupeaux, l'apparition de la faux à partir de l'an 1000 va permettre de couper l'herbe plus vite et de développer un nouvel écosystème cultivé, le pré de fauche, protégé du bétail par des clôtures ou par gardiennage. Le foin récolté est stocké et distribué comme fourrage pendant l'hiver aux animaux tenus à l'abri dans un bâtiment. Le fumier ainsi produit est ensuite transporté jusqu'aux champs cultivés et épandu avant les semis. Les animaux mieux nourris vont gagner en force de traction, et les champs mieux fertilisés en productivité.

Ces progrès vont permettre le passage d'une rotation sur deux ans (biennale) à une rotation sur trois ans (triennale) : souvent une céréale d'hiver, une céréale de printemps ou une légumineuse puis une jachère. Le travail est facilité par l'apparition de la charrue avec des socs en métal. Le soc est la partie de la charrue en forme de lame, qui rentre dans la terre pour la retourner. La jachère est ainsi labourée au moins trois fois l'an afin d'enfouir le fumier. Selon Mazoyer et Roudart, auteurs de l'ouvrage *Histoire des agricultures du monde* (Seuil, 2002) ce système pouvait supporter une densité de population de 30 habitants par km^2 dans les zones au climat froid nécessitant plus de fourrage, et 80 habitants par km^2 dans les zones aux climat doux et sol fertile, ce qui correspond à une augmentation très forte par rapport à la période précédente. La charrue va aussi contribuer à l'exploitation d'écosystèmes jusque-là difficilement cultivables.

Ce système agraire va s'étendre dans toute l'Europe, à l'exception des zones les plus septentrionales, ou des zones méditerranéennes, qui ne connaissent pas de déficit fourrager hivernal justifiant de lourds investissements.

D'après les estimations, alors qu'elle s'était écroulée à la chute de l'Empire romain, la population européenne passe de 41 à 65 millions d'habitants entre 500 et 1400, et la population mondiale de 205 à 374 millions d'habitants. Les surfaces cultivées et les rendements augmentent et permettent de nourrir davantage de monde. Ce phénomène stimule le développement des villes et d'une société d'artisans et de commerçants.

Cette croissance des villes amplifie les besoins en bois, qui viennent s'ajouter aux défrichements agricoles qui se multiplient à partir du Xe siècle. À la fin du XIIIe siècle, la croissance de la population va dépasser les capacités de production dans certaines zones d'Europe. Le refroidissement climatique (petit âge glaciaire), qui se produit à partir du début du XIVe siècle entraîne de mauvaises récoltes, qui provoquent des famines dans le nord de l'Europe. La noblesse, voyant ses revenus diminuer, renforce la pression fiscale sur la population rurale et cherche à s'approprier de nouvelles terres par la guerre. L'ensemble de ces phénomènes provoque de grandes pressions sur l'agriculture.

Première révolution agricole des temps modernes

Naissance des systèmes céréaliers et fourragers sans jachère

Face à l'augmentation des besoins en bois, notamment pour la construction, les États européens vont réduire le droit d'usage des forêts et réglementer les coupes. Les paysans perdent ainsi progressivement le droit de pâture des animaux et le droit de prélèvement de bois de feu. Il est nécessaire de compenser la perte de ces ressources communes en augmentant la productivité des terres. À partir de 1650, dans certains pays du nord de l'Europe, l'agriculture entame une nouvelle évolution dont l'un des points clés va être le passage de la rotation sur trois ans, appelée triennale, à la rotation sur quatre ans, appelée quadriennale, sans jachère. Sur les terres habituellement en jachère, on va implanter des cultures fourragères et notamment des légumineuses qui vont contribuer à améliorer la fertilité du sol. Cette rotation augmente la productivité, et notamment la production de fourrages pour les animaux.

Les systèmes sans jachère vont se développer dans les régions bien équipées en matériel, d'abord en Flandre (Pays de Waes), puis rapidement en Belgique, aux Pays-Bas et en Flandre française. Mais leur expansion va se heurter à de nombreux obstacles, car en faisant disparaître les jachères, ils suppriment la « vaine pâture », le droit de pâturer librement les jachères. Leur application va ainsi être dépendante de réformes politiques. En France par exemple, ces évolutions ne seront possibles qu'à partir de la Révolution de 1789 qui abroge les servitudes liées au régime féodal. Dans beaucoup de régions françaises, les clôtures de parcelles se heurtent à une opposition collective en faveur de l'utilisation des terres à usage commun et à des paysans français qui demeurent méfiants à l'égard des préceptes agronomiques proposés par une élite.

Essor de la mécanisation et première crise de surproduction

Le développement des systèmes agraires sans jachère a permis une forte augmentation de la production dans la plupart des régions tempérées d'Europe, et un accroissement important de la population. À partir du XVe siècle, les populations enregistrent une accélération de leur croissance démographique. Entre 1400 et 1900, la population européenne passe de 65 à 422 millions d'habitants et la population mondiale de 374 millions à 1,6 milliard d'habitants. Néanmoins, la productivité reste freinée par la faiblesse de l'outillage et des moyens de transport qui ont peu évolué depuis le Moyen-Âge.

La révolution industrielle fait basculer la société européenne à la fin du XVIIIe siècle, d'un monde à dominante agraire et artisanale à un monde commercial et industriel. L'industrie sidérurgique en plein essor produit de nouvelles machines métalliques à traction animale, des charrues, des semoirs, des faucheuses, des moissonneuses-lieuses, et permet de réduire de moitié environ la main d'œuvre nécessaire dans l'agriculture. L'industrie révolutionne aussi les transports, les chemins de fer et les bateaux à vapeur permettant la diffusion d'engrais d'origines lointaines comme le guano du Pérou, qui sont des fientes d'oiseaux de mer. Alors que jusque-là les éléments fertilisants nécessaires à la croissance des plantes provenaient essentiellement des déjections animales, les premiers engrais minéraux commencent à apparaître.

Jusqu'à la fin du XIXe siècle, le surplus commercialisé ne représentait qu'une part mineure de la production agricole. Avec le développement des transports, les produits agricoles d'outre-mer viennent concurrencer les produits européens, entraînant une chute des prix, une baisse des revenus agricoles et du rendement foncier. Les exploitations les plus fragiles disparaissent et cela génère des réactions très différentes en fonction des pays. Le Royaume-Uni choisit de favoriser son industrie aux dépens de son agriculture. En important des matières premières alimentaires à bas prix, le pays va connaître un fort exode rural et perdre son autonomie alimentaire. Le Danemark et les

Pays-Bas vont se spécialiser dans certaines productions, animales, légumières et florales, exporter et garder une paysannerie nombreuse. La France et l'Allemagne, à l'abri derrière des mesures de protection de leurs productions céréalières et animales, développent la mécanisation des outils agricoles. Enfin, certaines régions périphériques de l'est et du sud de l'Europe (Italie, Espagne, Hongrie, Russie), qui pratiquaient encore largement les anciennes rotations à jachère, subissent de plein fouet la baisse des prix et la réduction de leurs débouchés, avec des conséquences sociales et politiques importantes.

Deuxième révolution agricole à l'ère contemporaine

Déploiement de la mécanisation, des engrais et de la sélection

La véritable mécanisation de l'agriculture commence à se développer dans l'entre-deux-guerres notamment en Amérique du Nord, mais prendra véritablement son essor dans les régions céréalières d'Europe après 1945. Elle s'est faite avec des tracteurs de plus en plus puissants ayant une capacité de travail de plus en plus élevée.

Dans le même temps, l'utilisation des engrais minéraux va véritablement exploser grâce au développement de l'exploitation minière, de l'industrie chimique et du transport.

En parallèle, les progrès de la génétique vont permettre de sélectionner des variétés de plantes capables de s'adapter à ces quantités accrues d'engrais et à l'utilisation des nouveaux matériels.

La hausse des rendements en céréales a permis de consacrer une part croissante de la production végétale à l'alimentation animale, en fabriquant des aliments concentrés à haute valeur nutritive. Il a fallu sélectionner des animaux capables de rentabiliser ces aliments très nourrissants sans risque digestif.

Une vache laitière en 1900 consommait 15 kg de foin par jour et produisait 2 000 litres de lait par an. Une vache d'aujourd'hui consomme 5 kg de foin et 15 kg d'aliments concentrés par jour et produit plus de 10 000 litres par an. Comme pour les plantes, la sélection a eu aussi pour objectif d'adapter les animaux aux nouveaux matériels mécaniques. Les salles de traite modernes ont conduit à l'homogénéisation des vaches.

Face à l'ampleur du capital immobilisé, que ce soit pour des animaux hautement sélectionnés et richement nourris, ou pour des cultures aux dépenses en intrants très élevées, les agriculteurs prennent également de grandes précautions sanitaires. C'est le développement de la vaccination et des soins aux antibiotiques pour les animaux, des traitements aux pesticides pour lutter contre les mauvaises herbes, les maladies et les ravageurs.

Une des conséquences de ces évolutions est la spécialisation des exploitations. Au milieu du XXe siècle, une grande partie d'entre elles abandonne la combinaison de la polyculture et de l'élevage sur la même propriété. Pour la première fois dans l'histoire, elles n'ont plus besoin d'être autonomes pour produire leurs semences, du fumier pour enrichir leurs sols, d'assurer elles-mêmes la reproduction des animaux, ou la fabrication de leurs outils.

Il n'est plus nécessaire de cultiver des légumineuses pour enrichir les sols en azote ou de diversifier les assolements, à savoir le cycle des cultures sur un même sol au fil des années, pour couper le cycle des maladies.

La chimie et les ressources extérieures apportent toutes les solutions. Les exploitations vont donc se consacrer à un petit nombre de productions, en choisissant logiquement celles qui sont les plus rentables compte tenu des conditions physiques et économiques de leur région. Par ailleurs, de grandes entreprises vont naître et devenir les fournisseurs exclusifs des exploitants agricoles.

En France, la productivité apparente du travail – qui ne tient compte que du seul facteur travail comme ressource mise en œuvre pour produire – de l'agriculture a connu un taux de croissance annuelle de 6,6 % en valeur ajoutée par heure travaillée entre 1973 et 1989, et de 4,9 % entre 1973 et 1989. Cette croissance est supérieure encore à celle de l'industrie, mais aujourd'hui la population agricole active ne représente plus que 5 % du total, en diminution constante.

Entre 1949 et 2000, la production mondiale de lait a été multipliée par 2, celle de la viande bovine et porcine par 3, celle de blé et de volaille par 5 et celle de maïs par 9.

Cette révolution a été beaucoup plus rapide que les précédentes car elle a gagné, en quelques décennies seulement, l'ensemble des pays développés et quelques régions limitées des pays en développement. Dans celles-ci (Inde, Asie du Sud-Est), à partir des années 1960, une variante de la révolution agricole contemporaine, appelée la « révolution verte », est mise en œuvre. Elle est dépourvue de grande mécanisation mais elle est basée sur la sélection de variétés à haut rendement, une large utilisation d'engrais et produits de traitement, et une bonne maîtrise de l'irrigation et du drainage. Dans certains pays, les pouvoirs publics ont fortement contribué à diffuser ces pratiques et les agriculteurs qui en ont eu les moyens ont grandement augmenté leur productivité, même en ne disposant que d'outils manuels.

Politiques d'accélération du développement et mesures correctrices

La plupart des pays industrialisés d'Europe occidentale ont adopté des politiques visant à accélérer le développement agricole, à garantir des prix rémunérateurs pour stimuler la production et permettre aux agriculteurs d'investir.

Mais cette révolution a aussi conduit à l'épuisement rapide des sols, aux pollutions, à la perte de biodiversité, à l'augmentation des émissions de gaz à effet de serre ayant un impact sur le climat, et à l'exploitation toujours croissante des ressources naturelles. En parallèle, elle a aussi engendré de vastes fluctuations des prix agricoles et la disparition de très nombreuses exploitations.

Dans les années 1980 et 1990, les premières mesures européennes visant à préserver l'environnement et la qualité des produits apparaissent. Dans les mêmes décennies, pour réduire les excédents, des politiques de gel des terres et de contingentement de la production sont mises en place, comme par exemple les quotas laitiers. Il est en effet nécessaire de se conformer aux règles de l'Organisation mondiale du commerce, créée en 1995, qui vise à réduire au maximum les obstacles au libre échange des produits à travers le monde.

En Europe, cela va se traduire par la réforme de la Politique agricole commune (PAC) en 1992. La réduction des prix garantis, et par conséquent des subventions aux exportations et la préférence communautaire, entraîne une recherche permanente de baisse des coûts de production… et donc des pratiques de plus en plus intensives et néfastes pour l'environnement.

L'agriculture, qui n'a eu de cesse depuis son invention de parvenir à nourrir toujours plus de monde, y est en partie arrivée au XXIe siècle. Mais cela s'est fait aux dépens de la santé des sols et de l'environnement en général.

Notre histoire peut-elle nourrir notre futur ?

Depuis l'invention de l'agriculture, l'homme a toujours cherché à améliorer la fertilité des terres pour produire davantage sans être obligé de conquérir de nouveaux espaces agricoles, exercice coûteux en temps et en force de travail.

Jusqu'au XVe siècle, cela passe par une réorganisation progressive de l'espace agricole pour optimiser la combinaison de la culture et de l'élevage, clef de la productivité du système. La fertilité des terres est principalement le fait des animaux, que l'on va chercher à mieux nourrir afin qu'ils soient plus nombreux et plus forts, et qu'ils fournissent des fertilisants naturels que sont leurs déjections. Au fil de l'histoire, l'homme a aussi découvert les vertus de certaines plantes telles que les légumineuses qui contribuent par leur présence à enrichir les sols et l'alimentation.

Le changement majeur du XIXe siècle et de la révolution industrielle est l'apparition de la chimie et le déploiement de la mécanisation qui transforme non seulement le travail des sols mais aussi le transport des marchandises en amont et en aval des exploitations. L'homme utilise toujours des ressources naturelles, mais il en exploite de nouvelles propriétés et l'animal, qui était un élément fondamental de l'agriculture, va perdre progressivement de son utilité en tant que force motrice et en tant que source d'engrais organiques.

L'agriculture des pays développés, qui reposait sur un système équilibré, composé de cultures et d'élevage, selon un modèle d'exploitation familiale, s'est spécialisée et industrialisée. Elle a également fait grandir considérablement la place de la viande dans l'alimentation, en changeant radicalement la façon de nourrir les animaux. Grâce à une alimentation concentrée disponible en quantité et à bas prix pour nourrir poulets, porcs, ovins et bovins, partout dans le monde, la consommation de viande et autres produits d'origine animale a ainsi connu un développement considérable. Le régime alimentaire de millions de familles qui ne disposaient pas précédemment d'un pouvoir d'achat suffisant pour accéder à ces produits a directement été impacté. C'est donc grâce à l'emploi de quantités considérables de soja et de céréales (essentiellement blé, maïs, et orge) cultivées à moindre coût, que ces profonds changements d'alimentation ont pu avoir lieu dans tous les pays. Pour répondre à l'avenir, au défi de la sécurité alimentaire mondiale, la question de la nécessité et de l'impact de la production de telles quantités d'alimentation pour animaux va se poser à très court terme, ainsi que son corolaire, c'est-à-dire la part et la qualité des produits d'origine animale dans notre alimentation.

L'histoire de l'agriculture est celle d'une recherche permanente d'innovations, reflétant aussi celles de la société de son époque, afin de nourrir une population humaine en croissance constante. Il y a forcément dans cette histoire des éléments qui peuvent être source d'inspiration pour construire notre avenir.

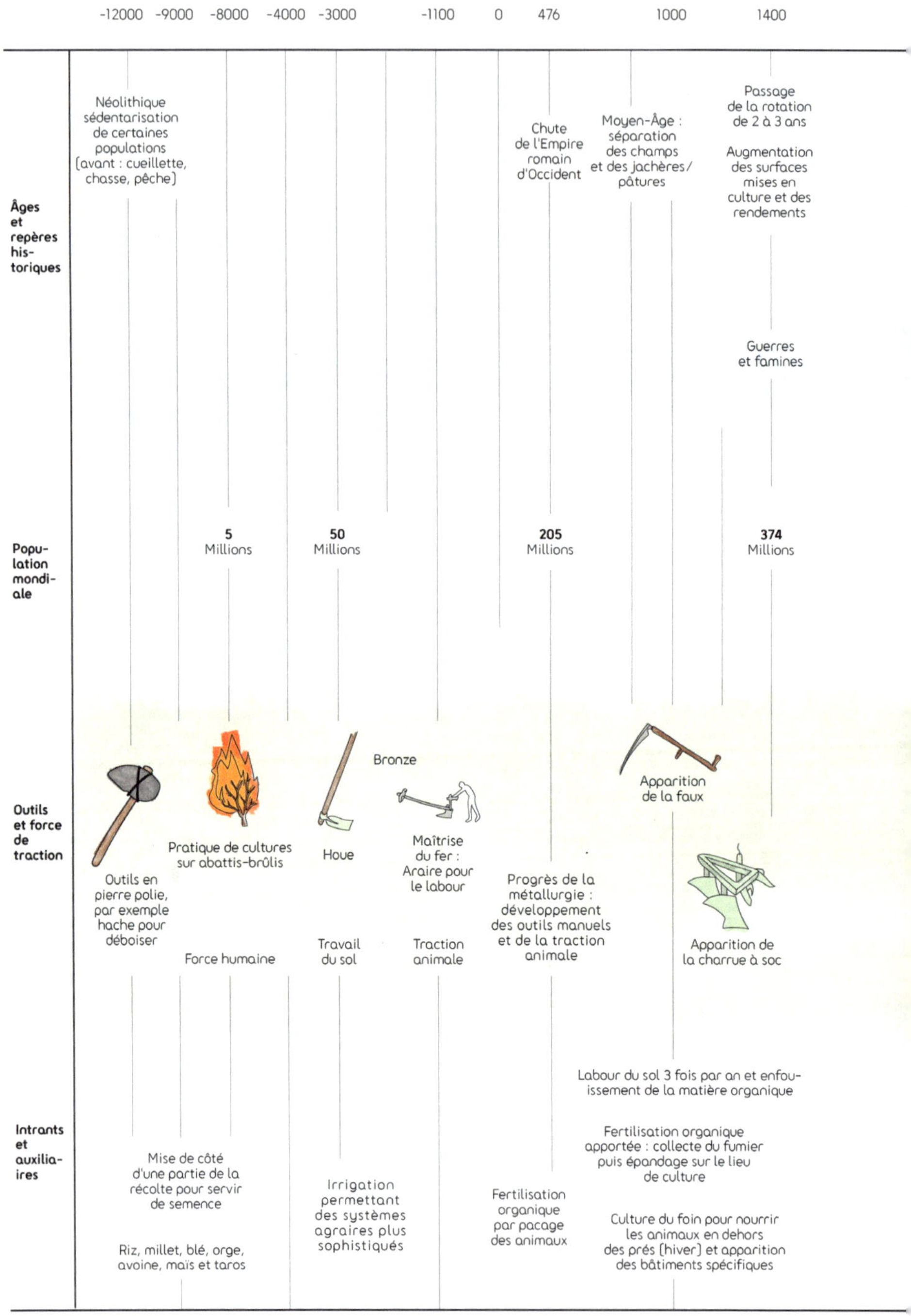
-12000
-9000
-8000
-4000
-3000
-1100
0
476
1000
1400
Âges et repères historiques
Néolithique sédentarisation de certaines populations (avant : cueillette, chasse, pêche)
Chute de l'Empire romain d'Occident
Moyen-Âge : séparation des champs et des jachères / pâtures
Passage de la rotation de 2 à 3 ans
Augmentation des surfaces mises en culture et des rendements
Guerres et famines
Population mondiale
5 Millions
50 Millions
205 Millions
374 Millions
Outils et force de traction
Outils en pierre polie, par exemple hache pour déboiser
Pratique de cultures sur abattis-brûlis
Force humaine
Houe
Travail du sol
Bronze
Maîtrise du fer : Araire pour le labour
Traction animale
Progrès de la métallurgie : développement des outils manuels et de la traction animale
Apparition de la faux
Apparition de la charrue à soc
Intrants et auxiliaires
Mise de côté d'une partie de la récolte pour servir de semence
Riz, millet, blé, orge, avoine, maïs et taros
Irrigation permettant des systèmes agraires plus sophistiqués
Fertilisation organique par pacage des animaux
Labour du sol 3 fois par an et enfouissement de la matière organique
Fertilisation organique apportée : collecte du fumier puis épandage sur le lieu de culture
Culture du foin pour nourrir les animaux en dehors des prés (hiver) et apparition des bâtiments spécifiques

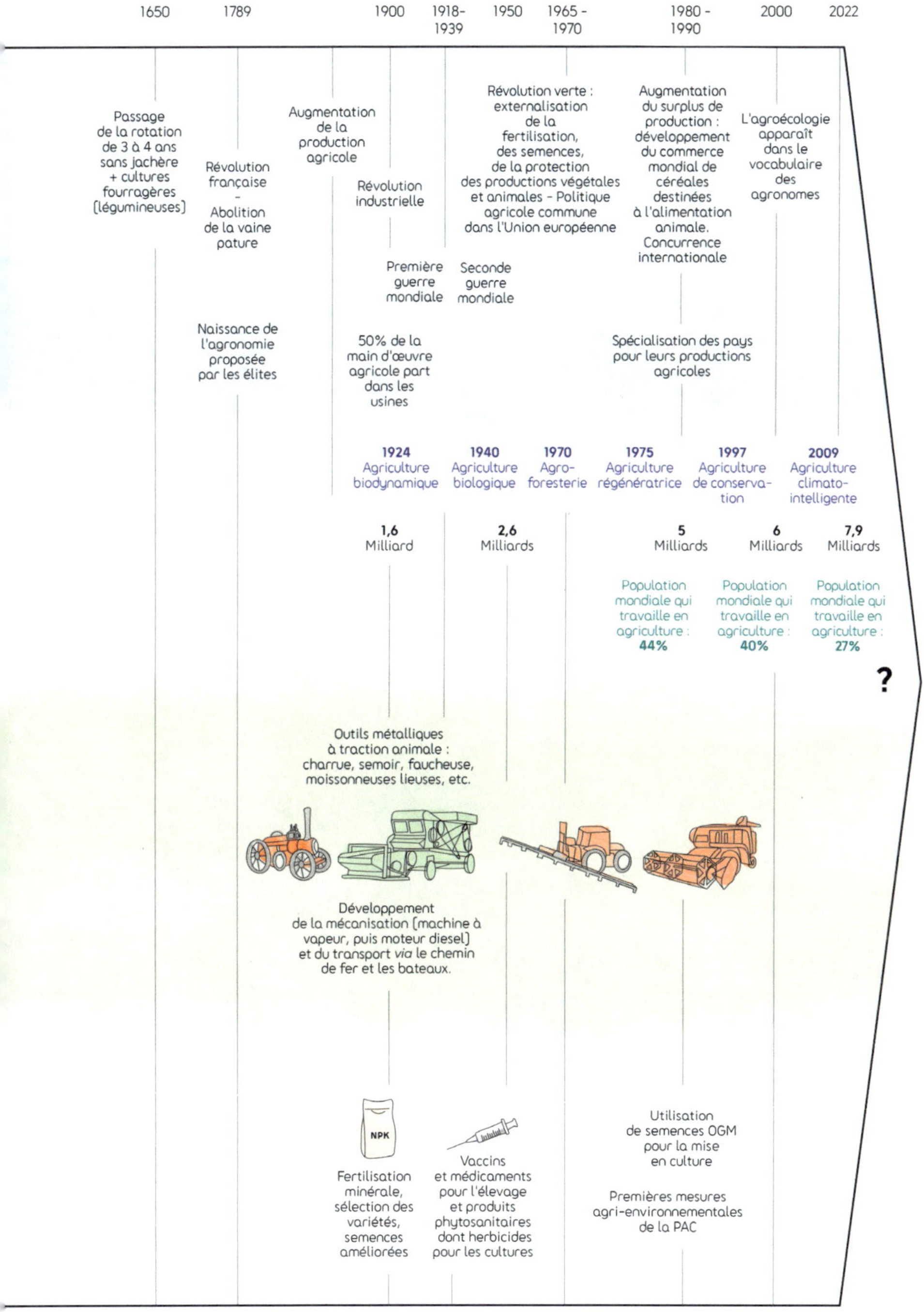

© Initiative « 4 pour 1000 » / Éditions La Butineuse

Chapitre Quatre
Quelle place pour l'agriculture au XXIe siècle ?

Sols, carbone et biodiversité

Pourquoi l'Initiative « 4 pour 1000 » ?

Quel est le défi majeur de l'humanité au XXIe siècle ? N'est-il pas de réinventer les pratiques agricoles pour nourrir une population mondiale en pleine croissance, de façon saine et équitable, en modifiant très profondément son rapport à l'environnement ? L'agriculture est-elle capable de participer à la lutte contre le changement climatique et l'érosion de la biodiversité, notamment en favorisant le stockage du carbone dans les sols ?

Les sols représentent un très grand potentiel en termes de stockage de carbone. Mais dès que l'homme intervient dans la nature, en défrichant les forêts, en agrandissant les villes, et en étendant les surfaces agricoles, cela génère un impact négatif. L'introduction de l'agriculture dans un milieu naturel entraîne une rupture d'équilibre, et inévitablement une perte de carbone. Au fil des ans, les sols étant travaillés, on peut parvenir au mieux à un nouvel équilibre du taux de matière organique et par conséquent de carbone. Mais, si les pratiques agricoles choisies sont mal adaptées, le sol s'érode, son taux de matière organique décroît, et cela peut conduire à sa disparition : c'est le processus de désertification.

En revanche, si les pratiques agricoles sont appropriées et adaptées, elles peuvent restaurer le sol et lui permettre de retrouver son taux de matière organique initial et ses teneurs en carbone. **Si l'on parvenait, chaque année à l'échelle de la planète, à augmenter le stock de carbone des sols de seulement 0,4 % dans les 40 premiers centimètres, cela pourrait théoriquement compenser les émissions nettes de carbone liées aux activités humaines durant cette même année – émissions totales moins les captations par les milieux naturels : forêts et océans.**

Si ce calcul est théorique, il a l'avantage de donner une idée de l'immense potentiel lié au stockage du carbone dans les sols grâce à l'agriculture et la foresterie, et donc de la formidable contribution que ces deux secteurs peuvent apporter à la lutte contre le changement climatique.

C'est de ce calcul global qu'est née l'idée de l'Initiative internationale « 4 pour 1000 : les sols pour la sécurité alimentaire et le climat ». En décembre 2015, au moment où la France accueillait à Paris la Conférence des parties de la Convention cadre des Nations unies sur le changement climatique, il était important de profiter de cette occasion pour changer le regard sur l'agriculture dans le cadre des négociations sur le climat.

L'agriculture et la foresterie sont les seuls secteurs économiques qui font partie du problème, puisqu'émetteurs de GES, mais qui sont aussi capables de contribuer substantiellement à la solution, grâce au stockage du carbone dans les sols agricoles.

Cette initiative internationale lancée par la France est un partenariat unique réunissant toutes les catégories d'acteurs intéressés à la question des sols, de leur teneur en carbone et au-delà de leur santé. De 2015 à 2022, près de 700 partenaires et membres du monde entier – pays, organisations internationales, fondations, banques de développement, organisations de producteurs, institutions de recherche et d'éducation, organisations non gouvernementales, et entreprises de toutes tailles – ont rejoint l'initiative. Ils partagent tous ses objectifs globaux et s'attachent à inscrire leurs actions, chacun à son niveau, en adéquation avec la vision, les principes généraux et les 24 objectifs contenus dans le Plan stratégique 2050 adopté en 2020.

L'ambition de ce mouvement est de :

- promouvoir le stockage et la séquestration du carbone dans les sols pour en améliorer la santé à travers l'adoption de pratiques agricoles agroécologiques ;
- contribuer à la lutte contre le changement climatique ;
- aider l'agriculture et la foresterie à s'adapter au changement climatique déjà en cours ;
- améliorer la sécurité alimentaire mondiale.

Accroître de 0,4 % (ou 4 pour mille, d'où le nom de l'Initiative) la quantité de carbone dans les sols de la planète chaque année est en réalité extrêmement ambitieux, et n'est clairement pas possible partout, mais l'important est de s'inscrire dans ce mouvement, de faire au mieux, en sachant que certains dépasseront largement cet objectif quand d'autres ne feront que tendre vers lui sans jamais l'atteindre. Il s'agit d'utiliser l'agriculture pour remplir des fonctions multiples, au-delà même de ses fonctions primaires.

Cependant, cette solution agricole ne peut pas être envisagée autrement que dans un contexte global de diminution drastique des émissions de GES de tous les secteurs y compris celui de l'agriculture, et de restauration des écosystèmes. Pour considérer le rôle potentiel de l'agriculture, il est nécessaire de regarder les choses d'encore plus haut et de voir comment il peut s'inscrire et s'intégrer dans l'ensemble des priorités quand il s'agit de la vie des sols et de la biodiversité.

Puits de carbone et points chauds de biodiversité

La première des priorités consiste à préserver les espaces ou habitats naturels qui sont encore peu touchés par l'homme, et en particulier ceux qui ont une grande capacité à stocker du carbone dans et au-dessus du sol.

Sur les terres émergées, soit hors des milieux aquatiques notamment océaniques et marins, ces espaces sont principalement les tourbières, la toundra à permafrost et les grandes forêts primaires tropicales et équatoriales.

Une tourbière est une zone humide caractérisée par la présence de mousses appelées sphaignes, qui en mourant forment de la tourbe. Ce sol est caractérisé par sa très forte teneur en matière organique donc en carbone, peu ou pas décomposée. Les écosystèmes tourbeux représentent naturellement 3 à 5 % des surfaces émergées de la planète et la biodiversité y est très élevée, ainsi que le stock de carbone. Cependant de nombreuses tourbières ont été exploitées, drainées, brûlées, ou se dégradent rapidement sous l'effet du changement climatique. La FAO estime que 26 millions d'hectares de tourbières sont drainés et utilisés pour l'agriculture. **Or, si les tourbières représentent seulement 3 % de la surface terrestre, elles contiennent à elles seules un tiers du dioxyde de carbone piégé dans les sols[1].**

Les pertes de carbone des sols dues au réchauffement sont particulièrement fortes dans les zones de toundra entourant l'Arctique, où les stocks de carbone sont importants, sous forme de matière organique très riche[2]. La fonte de ces sols auparavant gelés en permanence et que l'on appelle le pergélisol ou permafrost, libère du méthane dont l'impact est supérieur à celui du gaz carbonique sur le climat.

Par ailleurs les écosystèmes naturels forestiers en général accumulent de grandes quantités de carbone dans le bois, les racines et le sol.

L'ensemble de ces espaces qui ont une grande capacité à stocker du carbone sont naturellement localisés dans les régions arctiques, au Canada et en Sibérie, et les régions intertropicales – en Amérique du Sud, en Afrique Sub-Saharienne et en Asie du Sud.

Ces puits naturels de carbone sont à mettre en cohérence avec les points chauds de biodiversité naturelle, zones critiques possédant une grande richesse de biodiversité particulièrement menacée par l'activité humaine. Des chercheurs de l'université d'Oxford au Royaume-Uni ont observé que 44 %

des espèces de plantes de la planète et 35 % des espèces de vertébrés terrestres se trouvaient sur 1,4 % de la surface des continents. Ils ont ainsi identifié 25 sites, plus ou moins étendus, qui sont caractérisés par une exceptionnelle concentration d'espèces et qui présentent un risque sérieux de dégradation. De leurs travaux publiés dans la revue Nature en 2000 est né le concept des points chauds de biodiversité qui sont principalement situés sur la façade pacifique de l'Amérique latine, dans la péninsule de l'est de l'Afrique, sur les rivages de la Méditerranée, ainsi qu'en Asie du Sud-Est.

Certaines régions du monde concentrent les deux caractéristiques. Ils ont à la fois une forte capacité de stockage du carbone et une grande biodiversité naturelle. On comprend aisément à quel point il est primordial de les préserver en priorité absolue. De manière générale, afin de ne pas dégrader encore plus la situation, l'agriculture et les autres activités humaines ne doivent absolument pas s'étendre sur ces zones.

Restauration d'écosystèmes artificialisés à fort potentiel

En marge des espaces encore peu utilisés par l'homme, il existe aussi des espaces qui sont déjà exploités mais que l'homme gagnerait à rendre à la nature. En effet, leur productivité agricole est faible, car ils sont trop dégradés ou peu adaptés à cet usage. Par contre, ils disposent d'un très fort potentiel de restauration en termes de biodiversité naturelle et de stockage de carbone dans les sols et au-dessus. L'étude scientifique « Global priority areas for ecosystem restoration » publiée dans la revue Nature en 2020, précise que la restauration de 15 % de ces terres prioritaires pourrait à elle seule éviter 60 % des extinctions de biodiversité attendues, et permettre la séquestration d'une quantité de carbone équivalente à 30 % du CO_2 émis dans l'atmosphère depuis la révolution industrielle.

Malheureusement, cette solution apparaît très difficile à mettre en œuvre. Ces zones prioritaires se situent en effet majoritairement dans des pays qui ont un grand besoin de terres agricoles pour nourrir leur population, et parfois un modèle économique qui repose massivement sur les exportations de produits agricoles. C'est le cas par exemple des forêts atlantiques d'Amérique du Sud (Brésil, Argentine, Paraguay), des forêts d'Amérique centrale (sud du Mexique au Panama), des forêts côtières d'Afrique orientale (Somalie, Mozambique), ou de la zone comprenant la péninsule malaise, Bornéo, Sumatra et encore Java.

Il faut donc intégrer la complexité de ces paramètres socio-économiques dans cette approche, sans pour autant renoncer à cette restauration à moyen terme.

Changement des pratiques agricoles

Au vu de tous les éléments qui précèdent, on comprend qu'il est indispensable de ne pas étendre les surfaces agricoles au-delà de leur périmètre actuel. Il paraît même inévitable de les réduire pour laisser plus de place aux zones naturelles prioritaires, sans compter l'inexorable extension des zones urbaines liées à la croissance de la population. Dans ce contexte, il est donc indispensable de faire évoluer les pratiques sur les terres agricoles existantes, en donnant la priorité à celles qui ont le plus grand potentiel de séquestration de carbone.

Les agriculteurs ont pour cela à leur disposition un grand choix de pratiques. Présenter les bases de ces pratiques est l'objet principal de ce livre. Les différents types d'agricultures présentés dans les pages qui suivent ne sont pas cloisonnés de façon absolue. Il existe des porosités, des passerelles, des interactions, des interpénétrations possibles voire des hybridations entre ces différentes agricultures, et il n'y a pas de passage obligé ou de chemin tout tracé parmi elles pour parvenir à un résultat optimal ou maximal. C'est à chaque agriculteur de trouver la voie qui lui convient le mieux, en fonction des conditions climatiques, de la nature de ses sols et de l'environnement socio-économique dans lequel il évolue.

L'Initiative internationale « 4 pour 1000 » a pour ambition de permettre l'émergence d'un environnement technique et scientifique favorable destiné à aider les agriculteurs à faire leurs choix de façon éclairée pour produire sans dégrader leur environnement, tout en s'assurant des conditions de vie décente, à commencer par les revenus de leur travail.

Les grands principes de l'agroécologie

D'où partons-nous, où voulons-nous aller, et quel est le chemin ?

De tout ce qui précède, il apparaît logique de considérer l'agriculture conventionnelle comme point de départ. Nous avons vu l'histoire de sa réussite et la façon dont elle a accompagné le développement récent de l'humanité. Nous avons aussi vu ses limites et les inconvénients qu'elle génère.

Le point d'arrivée que l'on peut viser, qui représente l'optimum, le modèle ultime en termes de stockage de carbone dans et au-dessus des sols, et donc aussi de biodiversité, est symbolisé par les écosystèmes naturels forestiers. Il ne s'agit pas ici de suggérer un retour de l'homme à l'état de cueilleur-chasseur-pêcheur, mais bien de voir comment on peut s'inspirer du fonctionnement des écosystèmes naturels les plus complexes et les plus résilients pour redéfinir nos propres systèmes agricoles.

Entre ces deux points, il existe différents types d'agriculture, qui relèvent de ce que l'on appelle communément l'agroécologie et qui présentent tous des avancées dans la bonne direction. Il est également intéressant de voir que certaines de ces agricultures peuvent s'inspirer de ce qui a déjà été expérimenté dans le passé, en revisitant les savoir-faire traditionnels grâce aux connaissances et aux moyens d'aujourd'hui. Beaucoup de ces pratiques sont issues de l'expérience des pionniers qui se sont lancés par envie ou par nécessité dans des changements de fond de leur agriculture.

L'agroécologie est un terme générique, qui englobe une grande variété de pratiques qui visent toutes à optimiser les interactions entre les plantes, les animaux, les humains et l'environnement. Pour se développer, elle a besoin d'un environnement favorable en termes de politiques publiques, de financements publics et privés, de recherche et d'enseignement, d'accompagnement technique des agriculteurs et des forestiers.

Pour que cet environnement puisse voir le jour, il est fondamental que l'humanité dans son ensemble ait une bien meilleure connaissance et prise de conscience de l'importance de l'agroécologie, afin d'être en mesure d'influencer son évolution.

Les 13 principes

Le Groupe d'experts de haut niveau sur la sécurité alimentaire et la nutrition de la FAO a défini 13 principes agroécologiques[3].

- **Privilégier les ressources renouvelables locales** et fermer ou boucler, dans la mesure du possible, les cycles de ressources de nutriments et de biomasse
- **Réduire ou éliminer la dépendance** vis-à-vis des intrants commerciaux et renforcer l'autosuffisance
- **Garantir et améliorer la santé et le fonctionnement du sol** pour favoriser la croissance des plantes, en particulier par la gestion de la matière organique et l'intensification de l'activité biologique du sol
- **Améliorer la santé et le bien-être des animaux**
- **Préserver et accroître la diversité** des espèces, la diversité fonctionnelle et les ressources génétiques pour maintenir la biodiversité globale des agroécosystèmes dans le temps et dans l'espace aux niveaux du champ, de l'exploitation agricole et du paysage

• **Favoriser les interactions écologiques positives**, les synergies, l'intégration et la complémentarité parmi les éléments des agroécosystèmes (animaux, cultures, arbres, sol et eau)

• **Diversifier les revenus des exploitations** en veillant à ce que les petits agriculteurs jouissent d'une plus grande indépendance financière et puissent créer de la valeur ajoutée tout en leur permettant de répondre à la demande des consommateurs

• **Renforcer la co-création et le partage horizontal des connaissances**, y compris l'innovation locale et scientifique, en particulier au moyen d'échanges entre agriculteurs

• **Créer des systèmes alimentaires qui se fondent sur la culture**, l'identité, la tradition, l'équité sociale et l'égalité des sexes des communautés locales, et qui garantissent un régime alimentaire sain, diversifié et adapté aux saisons et à la culture

• **Garantir des moyens d'existence dignes et fiables** pour toutes les parties prenantes qui interviennent dans les systèmes alimentaires, en particulier les petits agriculteurs, grâce au commerce équitable, à des conditions de travail justes et à un traitement équitable des droits de propriété intellectuelle

• **Garantir la proximité** et la confiance entre les producteurs et les consommateurs au moyen de la promotion de circuits de distribution équitables et courts et de la réintégration des systèmes alimentaires dans les économies locales

• **Renforcer les structures institutionnelles** pour améliorer, notamment, la reconnaissance et le soutien apportés aux exploitations familiales, aux petits agriculteurs et aux paysans producteurs d'aliments qui veillent à une gestion durable des ressources naturelles et génétiques

• **Encourager l'organisation sociale** et la participation accrue des producteurs d'aliments et des consommateurs à la prise de décisions afin de favoriser la gouvernance décentralisée et la gestion adaptative locale des systèmes agricoles et alimentaires

L'idée est donc de déployer des types d'agricultures qui intègrent un maximum de ces 13 principes. Les chapitres qui suivent décrivent les différentes formes d'agriculture qui s'inscrivent dans le concept global d'agroécologie, en allant de celles qui sont les plus proches de l'agriculture conventionnelle à celles qui en sont le plus éloignées.

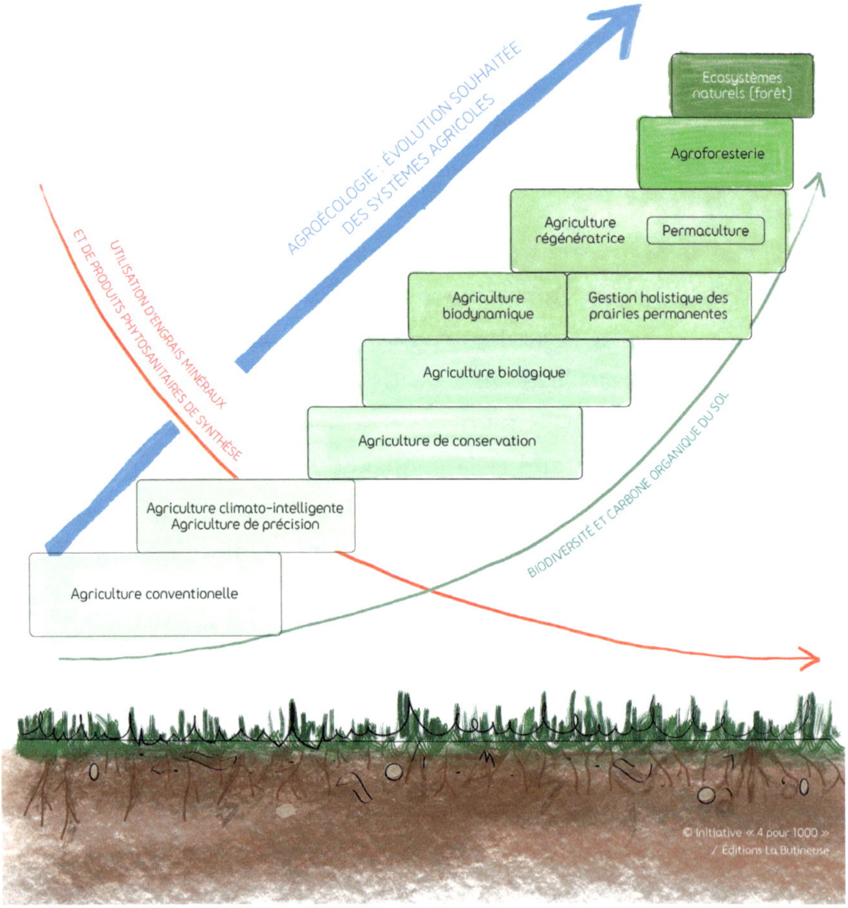

Notes

1. https://research.wri.org/sites/default/files/2019-07/WRR_Food_Full_Report_0.pdf, WRI 2019, p. 275 et CNRS 2019, https://www.cnrs.fr/fr/les-tourbieres-piegent-le-co2-meme-en-cas-de-secheresse

2. Davidson E.A (2016) Biogeochemistry: Projections of the soil-carbon deficit. Nature, 540(7631), 47.

3. http://www.fao.org/3/ca5602fr/ca5602fr.pdf

Chapitre Cinq
Limiter les perturbations : l'agriculture de conservation

L'objectif principal de l'agriculture de conservation, nommée aussi agriculture de conservation des sols (ACS), est de lutter contre leur dégradation en utilisant des pratiques qui visent une perturbation minimale de la vie du sol. Pour cela, elle cherche à augmenter la quantité de matière organique, à accroître la biodiversité, et à améliorer sa santé.

Son histoire

L'agriculture de conservation est née dans des régions de forte érosion des sols par l'eau et le vent et avait pour but initial de les protéger contre cette érosion. Le premier des trois piliers de l'agriculture de conservation à s'être développé est la couverture permanente des sols, en réponse aux graves phénomènes d'érosion apparus dans les années 1930.

Entre 1930 et 1940, une série de tempêtes de poussière s'est abattue sur les plaines des États-Unis et du Canada, et ce phénomène spectaculaire a été nommé le « Dust Bowl ». Elles ont détruit les cultures, arraché les sols et enseveli sous la poussière champs, matériels agricoles et bâtiments. Cette catastrophe était due à la conjonction d'épisodes de grandes sécheresses, succédant à une période d'humidité anormale, et à une agriculture intensive sans technique de prévention de l'érosion : labour intensif et longue période de sol nu sans couvert végétal. Cela se traduisit par la destruction des terres arables et d'immenses tempêtes de poussière. Le gouvernement des États-Unis a réagi très vite en créant un Service de conservation des sols, qui existe toujours et qui s'appelle le Natural Resources Conservation Service. Ils ont déployé dès cette époque des efforts considérables pour lutter contre l'érosion en plantant des ceintures d'arbres, en faisant la promotion de nouvelles techniques agricoles, et en réduisant drastiquement la taille des troupeaux de bétail. Ces mesures donnent une idée assez précise des causes du problème : la suppression des arbres, les sols nus, le surpâturage, *et cetera*.

Encouragés par des programmes d'aides gouvernementaux, les agriculteurs américains ont fait évoluer leurs pratiques de manière très rapide. Une solution a souvent été, dans un premier temps, de faire une culture en courbes de niveaux (*contour plowing* en anglais) avec des alternances de charrue et d'instrument à dents ; une autre option a été la culture alternée, consistant à distribuer le long des pentes des zones portant des cultures différentes ou intégrant des bandes en jachère. Cette culture en bandes est aussi appelée *strip cropping* en anglais. Dès qu'il a été possible d'assurer un contrôle efficace des mauvaises herbes grâce aux herbicides, la culture sans labour, avec semis direct, s'est développée dans les années 1950. Le semis s'effectue alors à travers le couvert végétal en place sans labourer, ce qui nécessite la mise au point de semoirs adaptés. Ces pratiques de protection ont permis de réduire drastiquement l'érosion des sols aux États-Unis. D'autres avantages de ces systèmes de culture sont vite apparus aux agriculteurs, particulièrement dans les grandes exploitations : une économie de carburant, une simplification du travail, et un gain de temps.

Pour autant, la première mention de l'agriculture de conservation ne remonte qu'à 1997 lors d'une conférence de la FAO sur les techniques culturales simplifiées (TCS) au Mexique. Elle ne sera définie officiellement qu'en 2008 par la FAO, comme étant « un système cultural qui peut empêcher la perte de terres arables tout en régénérant les terres dégradées ».

En France, l'Association pour la promotion d'une Agriculture Durable (APAD), a été créée en 1998 et elle est le représentant pour la France du GCAN (Global Conservation Agriculture Network). Elle rassemble 1 000 agriculteurs et techniciens qui identifient, développent et promeuvent des techniques agronomiques conduisant à la protection des sols. L'APAD a présenté et mis en place en janvier 2020, le premier label autogéré dédié à l'agriculture de conservation des sols, intitulé « Au Cœur des Sols ». Les agriculteurs des fermes labellisées suivent les trois principes complémentaires de l'agriculture de conservation des sols, reconnue par la FAO.

Pour une Agriculture du Vivant (PADV) est une autre structure associant agriculteurs, scientifiques et entreprises de transformation et d'aval, qui promeut dans l'hexagone ce type d'agriculture. Regroupant plusieurs tendances, elle vise à faire converger les pratiques d'agriculture de conservation des sols et d'agriculture biologique. Elle a mis au point un indice de régénération permettant de suivre la trajectoire d'évolution des exploitations agricoles.

Les trois pratiques fondamentales de l'agriculture de conservation des sols

- La réduction, voire **l'absence de travail du sol.** Au lieu de préparer les semis en travaillant mécaniquement le sol, les cultures sont implantées directement dans les résidus de la culture précédente ou dans le couvert végétal semé entre deux cultures, selon la technique du semis direct. La réduction, voire la suppression du travail mécanique du sol permet de conserver en surface la couche d'humus créée par les débris végétaux en décomposition, qui protègent également le sol contre l'érosion. Cela protège en outre contre la battance, qui caractérise un sol qui a tendance à se désagréger et à former une croûte en surface sous l'effet notamment de la pluie. Le but de ce « non-travail du sol » est de limiter le plus possible la déstructuration et la perte de porosité naturelle.
- **La couverture permanente du sol.** Elle se matérialise aussi bien par les résidus végétaux de la culture précédente que par les couverts installés durant l'interculture. Son objectif est de former un écran permanent afin de limiter la pression des adventices – les mauvaises herbes. Elle permet aussi de limiter l'érosion lors d'intempéries ou de vent fort, et la perte excessive des réserves d'eau nécessaires à la vie du sol et des plantes. Le couvert végétal permet entre autres un apport de matières organiques, et en fonction

des espèces implantées, d'autres bénéfices comme la restructuration du sol ou l'enrichissement en azote assimilable par les cultures grâce à des légumineuses.

• **La diversification des espèces végétales.** En agriculture de conservation, les rotations sont longues, il n'y a pas de retour pendant plusieurs années de suite de la même culture sur la même parcelle, et elles sont très variées : il y a beaucoup de cultures différentes. L'objectif est de permettre, par un choix judicieux, l'emploi successif de cultures ou d'espèces qui ont des atouts mécaniques, physiques et biologiques différents et complémentaires vis-à-vis du sol. Il peut s'agir d'atouts liés à leur vitesse d'installation, à la qualité de leur partie végétale, ou racinaire. La diversité des cultures empêche les ravageurs, maladies et adventices de s'habituer à un type unique de culture et cela gêne leur propagation. La rotation peut inclure des cultures non directement productives mais qui ont des intérêts agronomiques avérés, grâce aux effets complémentaires des espèces entre elles. Cela permet aussi d'améliorer la biodiversité animale et favorise l'installation d'insectes, d'oiseaux et de petits mammifères. Les auxiliaires des cultures tels que les pollinisateurs ou les espèces antagonistes à celles qui sont nuisibles aux cultures peuvent ainsi se développer. On appelle cela la lutte biologique. La présence très courante de légumineuses dans la rotation permet de réduire les quantités d'engrais minéraux azotés apportés, en permettant la mise à disposition de formes d'azote assimilables par les cultures à partir de la fixation d'azote atmosphérique. Cette diversification est enfin pour l'agriculteur un atout économique important, puisqu'elle lui permet de diversifier ses sources de revenus.

Ses avantages

L'agriculture de conservation permet d'assurer une « recharge » en matière organique par la couverture permanente et maximale des sols, d'autant plus importante que la couverture est superficielle et qu'elle sera donc rapidement dégradée. Ces couverts permanents ont l'avantage de refroidir la surface des sols par isolation et par modification de l'albedo (pouvoir réfléchissant d'une surface), ce qui limite la respiration du sol et sa perte de carbone. Elle permet d'augmenter l'activité du sol et sa biodiversité, ce qui contribue à une utilisation plus efficace de l'eau et des nutriments et à une production végétale améliorée et soutenue. Cette biodiversité du sol se matérialise par la présence de différents types de vers de terre qui ont chacun une fonction naturelle de mélange des « horizons » de surface et des horizons plus profonds. L'absence de travail du sol favorise leur maintien, l'augmentation de leur population et leur activité. La présence d'un couvert permanent et varié permet de pérenniser l'apport de nourriture pour l'ensemble de la faune du sol et en particulier des vers de terre. L'ensemble du système (non travail du sol, couverture permanente et grande biodiversité dans les sols) favorise globalement la séquestration du carbone.

L'agriculture de conservation, en raison du non travail du sol, diminue également la consommation d'énergie fossile et les coûts liés aux carburants et aux machines. Elle contribue aussi à limiter les émissions de GES en particulier du CO_2 et du N_2O qui résultent de la minéralisation consécutive au labour. En effet, sous l'action du labour, la matière organique est transformée en eau, en sels minéraux et en CO_2. Elle limite en outre l'érosion et le lessivage liés au travail du sol.

Elle est intéressante pour les cultures de pleins champs telles que les céréales, les oléagineux, les protéagineux et de façon générale, toutes les grandes cultures. Elle est réalisable dans tous les milieux, qu'ils soient tropicaux humides, secs ou tempérés.

Ses inconvénients

Il n'existe pas de cahier des charges officiel pour l'agriculture de conservation (hormis le label « Au Cœur des Sols » en France), et donc pas de pratique obligatoire, même si elle repose sur des principes admis de tous ceux qui la mettent en œuvre sur le terrain.

L'utilisation d'intrants chimiques reste possible, bien que limitée car l'agriculture de conservation repose sur des pratiques qui permettent de limiter l'émergence des mauvaises herbes ainsi que les maladies et les ravageurs. Cependant, en contrepartie du non travail du sol, il peut être nécessaire d'utiliser des herbicides chimiques comme par exemple du glyphosate. Cela permet de détruire les couverts végétaux mis en place pour protéger et enrichir le sol, sauf si cela est remplacé par une destruction mécanique de ces couverts avant un nouveau semis, un passage de rouleau ou la destruction par le gel en hiver.

Un autre inconvénient est que son adoption n'est parfois que partielle, selon les pays et les contextes, ce qui peut remettre en cause son efficacité. C'est notamment le cas du semis direct sans labour, qui est aujourd'hui largement utilisée pour le maïs et le soja aux États-Unis, mais aussi au Brésil, en Argentine, au Canada, en Australie.

Ainsi, un agriculteur peut supprimer le labour dans une logique de réduction du temps de travail ou des charges de carburant, sans nécessairement introduire de couverts végétaux, ni allonger les rotations culturales. Il supprime alors les bénéfices de la synergie des effets du couvert végétal, des rotations culturales longues et du non-labour.

C'est ainsi qu'il y a parfois confusion entre le semis direct et l'agriculture de conservation.

Enfin, certains agriculteurs peuvent ne pas avoir accès financièrement au matériel de semis direct. Pour réaliser des semis sans travail du sol, il faut en effet disposer de semoirs adaptés qui ouvrent localement le sol avec un disque ou une dent, créent un peu de terre fine et placent la graine dans un environnement favorable en perturbant une surface minimum de sol à l'échelle de la parcelle. Ces semoirs sont en général plus coûteux que les semoirs classiques.

Quelques chiffres[1]

Son impact en termes de séquestration de carbone est positif avec des taux de **1 à 5 ‰/an** en fonction des conditions de sol et de climat (appelées agro-pédo-climatiques).

En comparaison avec l'agriculture conventionnelle, elle consomme des quantités moyennes d'énergie fossile (sauf si la destruction des couverts végétaux se fait mécaniquement par l'usage d'un tracteur), nécessite un niveau de capital moyen (tracteurs, semoir et moissonneuse), et un besoin en main d'œuvre de l'ordre de **1 homme pour 100 hectares**.

En 2016, la surface en agriculture de conservation était estimée dans le monde à **180 millions d'hectares** contre 106 millions en 2009, soit une progression de 69%[2]. Cela représente à peu près 25% des surfaces en céréales de la planète qui s'élevaient en 2020 à 709 millions d'hectares au total, ce qui est assez significatif.

Un cas concret : l'adoption collective de l'agriculture de conservation des sols dans quatre exploitations de l'Yonne[3]

Quatre céréaliers de l'Yonne ont décidé de mettre en commun leur assolement pour faciliter leur passage en agriculture de conservation.

À l'origine, ils exploitaient exclusivement des grandes cultures de céréales et d'oléo-protéagineux sur une surface totale de 622 hectares. Un seul avait également une activité d'élevage avec porcs et volailles. La mise en commun s'est traduite par une gestion commune des terres, la mise en œuvre de pratiques homogènes et généralisées, un partage du travail, du matériel, et des achats groupés d'intrants. La gestion commune a été un moyen puissant pour réduire les charges en carburant (baisse de 30 % en 3 ans) en intrants phytosanitaires et engrais ainsi qu'en investissements en matériels. Le passage en agriculture de conservation s'est traduit par la mise en place d'un assolement plus diversifié comprenant une dizaine de cultures : du colza en association avec de la lentille et de la luzerne, du blé tendre, du sarrazin ou de l'avoine, de l'orge ou du triticale, du sorgho ou du maïs, du tournesol ou du soja, de la fèverole, et entre les cultures, des couverts intermédiaires de trèfle ou de luzerne.

Les exploitants ont activé plusieurs leviers pour mener à bien leur nouveau système : pratiquer le semis direct des cultures et dans certains cas sous couvert végétal ; cultiver des espèces diversifiées dans la rotation ; alterner les cultures qui fixent l'azote atmosphérique comme les légumineuses, les féveroles, les lentilles, avec celles qui peuvent rapidement le valoriser comme le blé, l'orge ou le colza ; cultiver des espèces peu exigeantes en azote (tournesol, sarrazin) ; implanter d'autres légumineuses en interculture, qui couvrent le sol et laissent de l'azote pour la culture suivante. Ils ont acheté un semoir de semis direct.

Notes

1. Sauf précision, les estimations proviennent de l'auteur

2. International Journal of Environmental Studies, 2018

3. https://wiki.tripleperformance.fr/wiki/Exemple_d%27une_exploitation_en_agriculture_de_conservation

Chapitre Six
Le refus de la synthèse : l'agriculture biologique et biodynamique

L'agriculture biologique interdit l'utilisation de tout produit de synthèse. Elle repose sur une fertilisation organique du sol et une protection contre les maladies et parasites assurée par des processus biologiques.

Son histoire

Dans les années 1920-1930, les pionniers furent soit des penseurs spirituels regrettant la disparition progressive de la petite paysannerie, soit des agronomes tels que Albert Howard, agronome et botaniste anglais, qui ont commencé à remettre en cause l'introduction de la science dans l'agriculture.

Dans les années 1940 à 1970, des associations s'organisèrent et firent apparaître l'appellation française « agriculture biologique » (1950), comme équivalent de l'expression anglaise « organic farming ». Mais c'est au début des années 1970 que le concept d'agriculture biologique est véritablement créé, en synthétisant les grandes valeurs développées par les théoriciens d'avant-guerre telles que le refus de la chimie et le retour aux cycles naturels.

L'agriculture biologique est organisée à l'échelle mondiale depuis 1972 (International Federation of Organic Agriculture Movements – IFOAM) et reconnue depuis 1999 dans le Codex Alimentarius (programme commun de la FAO et de l'OMS). L'appellation « biologique » est protégée légalement et implique une certification par un organisme indépendant reconnu. Plusieurs labels internationaux de reconnaissance de ce type d'agriculture ont été définis.

Ses définitions

Selon la définition de la Commission du Codex Alimentarius (FAO/OMS, 1999), « l'agriculture biologique est un système de gestion de la production holistique, qui favorise et améliore la santé des agro-écosystèmes (écosystèmes agricoles), y compris la biodiversité, les cycles biologiques et l'activité biologique du sol. Il met l'accent sur l'utilisation de pratiques de gestion, de préférence à l'utilisation d'intrants non agricoles, en tenant compte du fait que les conditions régionales nécessitent des systèmes adaptés localement. Cela est accompli en utilisant, dans la mesure du possible, des méthodes agronomiques, biologiques et mécaniques, par opposition à l'utilisation de matériaux synthétiques, pour remplir toute fonction spécifique au sein du système. »

Ses pratiques

L'agriculture biologique est soumise à un cahier des charges strict qui permet la labellisation des produits. Celui-ci interdit l'usage de tout produit chimique de synthèse et par voie de conséquence, autorise les produits phytosanitaires d'origine naturelle et les engrais organiques. Il existe une liste des produits autorisés qui varie en fonction des pays et n'est pas harmonisée au niveau international. Il interdit les organismes génétiquement modifiés (OGM).

Les pratiques utilisées en agriculture biologique sont diverses et variées, pour palier à l'utilisation des produits chimiques : la diversité des cultures, les associations de cultures, les semis sous couvert, la lutte biologique, ou encore le travail manuel et mécanique du sol.

En matière de fertilisation, l'agriculture biologique repose sur l'utilisation d'engrais organiques et d'effluents d'élevage, sur la décomposition naturelle de la matière organique en utilisant des techniques comme le semis d'engrais verts ou encore sur l'implantation de légumineuses.

La gestion des « mauvaises herbes » repose sur des pratiques de désherbages mécaniques et physiques comme le labour, le binage, le paillage, le désherbage thermique par action d'une source de chaleur (flamme, vapeur…). Elle peut aussi passer par une gestion de la rotation favorisant les alternances de cultures, la présence de cultures de couverture et les cultures associées, *et cetera*.

Ses avantages

L'interdiction d'utiliser tout produit de synthèse entraîne la mise en œuvre de pratiques favorables au maintien de la biodiversité, à la préservation de l'environnement, et notamment à la qualité de l'eau. Deux des principes de l'agriculture de conservation à savoir la diversification de l'assolement et la couverture des sols en interculture sont fréquemment mis en œuvre avec les avantages qui en découlent.

L'agriculture biologique joue aussi un rôle positif pour le climat puisqu'en interdisant l'utilisation d'engrais azotés chimiques, elle limite les émissions de CO_2 liées à leur production très énergivore, et les rejets de N_2O provenant de leur volatilisation lors de l'épandage. En privilégiant les engrais organiques et les prairies, elle favorise la vie microbienne des sols, la production d'humus et donc le stockage de carbone.

Un de ses avantages majeurs est qu'elle repose sur un cahier des charges strict qui génère une obligation de moyens, contrairement aux autres formes d'agriculture présentées ici. Cela confère une forte lisibilité à cette agriculture et une certaine confiance quant aux pratiques mises en œuvre dans l'esprit du consommateur.

Ses inconvénients

Son principal inconvénient est que son cahier des charges n'impose aucune contrainte concernant le travail du sol : le labour est donc autorisé. Il n'y a aucune obligation concernant l'allongement des rotations ou les associations de cultures, même si elles sont souvent pratiquées pour faciliter la lutte contre les maladies, les ravageurs et les plantes indésirables.

Un autre inconvénient qui relève de l'interdiction d'usage des produits de synthèse, est que l'agriculture biologique utilise certains produits naturels comme le cuivre et le soufre, qui peuvent avoir des effets négatifs sur la vie des sols s'ils sont épandus en grande quantité. C'est notamment le cas du cuivre en viticulture.

L'absence de produits de synthèse comme les fongicides – substance chimique conçue pour éliminer ou limiter le développement des champignons parasites des végétaux – peut entraîner des conditions difficiles de récolte et de conservation, pour les grains en particulier, l'apparition de champignons produisant des toxines qui peuvent rendre des récoltes impropres à la consommation humaines. Ce cas est rare fort heureusement.

Enfin, l'agriculture biologique n'est pas forcément adaptée à tous les milieux. Ainsi, en zone tropicale humide, elle est difficile à pratiquer en raison de la présence importante de maladies dues aux champignons, et de ravageurs. Par contre, en milieu tropical sec et tempéré, elle peut convenir à toutes sortes de cultures.

L'agriculture biologique reposant sur des cahiers des charges dont le respect est certifié par des organismes indépendants reconnus par des autorités nationales, la diversité des uns et des autres peut entraîner une certaine confusion et l'illusion d'une fausse équivalence. Ainsi le cahier des charges validé dans un pays ne sera pas équivalent à celui d'un autre pays, notamment en termes de produits phytosanitaires autorisés pour les cultures. Des produits importés seront labellisés « biologiques » et commercialisés dans un pays alors qu'ils pourront avoir été produits avec l'aide de produits phytosanitaires interdits en agriculture biologique dans ce même pays.

Quelques chiffres[1]

Son impact global en termes de séquestration de carbone organique du sol est souvent proche de la neutralité, les gains effectués en termes d'usage des engrais organiques pouvant être annulés par le recours au travail du sol qui entraîne des émissions de GES.

En comparaison avec l'agriculture conventionnelle, l'agriculture biologique consomme des quantités moyennes d'énergie fossile, nécessite un niveau de capital moyen mais comparable à l'agriculture conventionnelle, avec une surface à cultiver plus faible par homme ; **1 homme pour 50 à 75 hectares.**

Fin 2019, **70 millions d'hectares** étaient conduits en agriculture biologique dans le monde, soit à peu près 1,4 % de la surface agricole utile mondiale. En 2017, il y avait **2,9 millions d'exploitations biologiques** dans le monde (Source : Agence bio).

Un cas concret, la conversion d'un élevage laitier dans la Vienne[2]

Un jeune couple d'éleveurs, installé dans l'ouest de la France, gérait une exploitation comportant à l'origine 55 vaches laitières de race Prim'holstein et 175 hectares de cultures et de pâturages. Le lait était vendu aux particuliers sur les marchés, à une laiterie et à des professionnels de la restauration.

En mai 2019, le couple a décidé par conviction de se convertir à l'agriculture biologique. La conversion des terres a impliqué l'arrêt de l'utilisation de tout produit phytosanitaire pour le troupeau et une fertilisation essentiellement à base des effluents de l'élevage. La conversion du troupeau a impliqué la mise au pâturage des vaches qui vivaient jusque-là essentiellement en bâtiments, le robot de traite n'étant économiquement viable que si les animaux sont enfermés nuit et jour. Avec le passage en bio, le couple a ainsi abandonné le robot qui assurait la traite à leur place. Ils ont reconverti une partie des terres précédemment cultivées en céréales et maïs en prairies permanentes, car l'agriculture biologique n'est rentable que si les vaches pâturent le plus possible pour limiter les coûts d'alimentation. Les vaches sont donc aux pâturages tous les jours de 8 heures à 17 heures et sont traites deux fois par jour dans l'ancienne salle de traite remise en état.

Les frais et les charges liées à la conversion bio ne sont pas négligeables. Auparavant les vaches étaient alimentées avec du soja acheté aux alentours de 350 € la tonne. Aujourd'hui, elles sont nourries avec les luzernes et les ray-grass produits sur l'exploitation dont le coût de revient est d'environ 900 € la tonne. Les charges mécaniques sont plus faibles pour la partie élevage, mais les produits autorisés en bio pour soigner les animaux et les plantes sont plus coûteux que les produits chimiques classiques. Le couple a investi quelques dizaines de milliers d'euros pour la salle de traite, la mise en place des prairies et l'achat de matériels pour les entretenir.

Le temps de travail à fournir est plus long : retour à l'utilisation de la machine à traire traditionnelle, surveillance accrue des cultures, apprentissage des techniques de gestion des prairies... et les vaches produisent moins de lait. Elles sont passées de 30 litres par jour à 18 litres. Certains clients de l'exploitation ont suivi, d'autres non, car le prix du litre de lait est passé de 1,00 € à 1,20 € en bio. Aujourd'hui, le couple tend à une certaine rentabilité grâce à l'augmentation du prix du lait qui couvre une grosse partie des dépenses. Les deux jeunes éleveurs trouvent plus de satisfaction dans leur travail quotidien et notamment redécouvrent le plaisir de voir leurs vaches pâturer des prairies à longueur de journée.

Une déclinaison de l'agriculture biologique, l'agriculture biodynamique

L'agriculture biodynamique ou la biodynamie est considérée comme une approche philosophique de l'agriculture. Ses bases dogmatiques ont été posées par Rudolf Steiner, fondateur de l'anthroposophie, une doctrine spirituelle voire ésotérique, sur laquelle il s'est basé pour proposer des applications dans le domaine de l'éducation, de la médecine et enfin de l'agriculture, notamment lors d'une série de conférences données aux agriculteurs en 1924.

La biodynamie utilise des principes de la phytothérapie (utilisation de purin d'ortie, de prêle…), et repose sur l'utilisation de « bio stimulants » à base d'ingrédients végétaux ou animaux et de « recettes » applicables par les agriculteurs. Il est recommandé d'intégrer l'élevage dans le système, notamment pour l'élaboration de ces préparations spécifiques à utiliser sur les cultures. La biodynamie se différencie de l'agriculture biologique par la prise en considération de l'influence supposée des rythmes solaires, lunaires et planétaires. Il s'agit d'une vision de l'agriculture basée sur une compréhension holistique et spirituelle de la nature et du rôle de l'homme dans celle-ci. Une ferme est un organisme évolutif autonome, s'appuyant sur des aliments et des fumiers produits sur place, avec des intrants externes réduits au minimum.

Certains agriculteurs qui pratiquent la biodynamie sont fédérés au sein de l'association internationale Demeter, créé en 1932 par des agriculteurs allemands. Demeter dispose d'une marque collective et certifie aujourd'hui 7 000 exploitations dans le monde.

La biodynamie présente quelques avantages de plus que l'agriculture biologique, grâce à des liens plus nombreux avec l'environnement mais les différences sont minimes en termes de pratiques. Il n'y a pas vraiment de porte cloisonnée entre les deux. La biodynamie est adaptable à tout type de cultures, des grandes cultures aux fruits et légumes, vergers mais elle reste difficile à maîtriser. Elle est davantage présente en zone tempérée et s'est développée plus particulièrement en viticulture.

Quelques chiffres[3]

En comparaison avec l'agriculture conventionnelle, l'agriculture biodynamique consomme des quantités faibles d'énergie fossile, mais nécessite un niveau de capital moyen, comparable à l'agriculture biologique, avec une surface à cultiver plus faible par homme ; **1 homme pour 40 à 60 hectares.**

En 2020, l'agriculture biodynamique représentait **251 842 hectares dans le monde soit 0,005 % des Surfaces agricoles utilisées à l'échelle mondiale**[4].

Notes

1. Sauf précision, les estimations proviennent de l'auteur.

2. Vienne Agrobio

3. Sauf précision, les estimations proviennent de l'auteur.

4. A world Map of Biodynamic Agriculture – John Paul & Al – 2020

Chapitre Sept
Pour la vertu des prairies : le pâturage tournant dynamique

Le pâturage tournant dynamique (PTD) vise à optimiser la gestion globale du système de pâturage. Il s'appuie sur la compréhension du cycle entre la plante, le sol et l'animal pour établir un certain nombre de règles simples qui permettent au système de pâturage d'exprimer son plein potentiel de manière autonome, sans intrant et reproductible à l'infini.

Son histoire

Ce concept a été créé par le Savory Institute, cofondé en 2009 aux États-Unis dans l'État du Colorado par Allan Savory, d'abord biologiste de recherche et garde-chasse en Zambie, et plus tard éleveur au Zimbabwe. Dans les années 1960, il a fait une percée significative dans la compréhension des causes de la dégradation et de la désertification des écosystèmes des prairies dans le monde. En tant que consultant en gestion des ressources, il a travaillé avec de nombreux gestionnaires sur quatre continents pour développer des solutions durables.

Cofondé par Allan Savory, sa femme Jody Butterfield et d'autres passionnés de l'élevage extensif, le Savory Institute s'est donné pour mission de régénérer les prairies, en considérant que celles-ci ont la capacité de relever certains des défis les plus urgents de l'humanité dont le changement climatique. Le Savory Institute promeut une gestion holistique des prairies pour la régénération des sols notamment grâce au stockage du carbone, l'augmentation de la productivité et de la diversité biologique.

Ses pratiques

Cette technique vise à faire pâturer une herbe **à son meilleur stade en termes de qualité** et à optimiser le potentiel de repousse de celle-ci. Un brin d'herbe pâturé repousse autour du troisième jour. Il faut donc absolument éviter que cette repousse soit repâturée car la plante a puisé dans ses **réserves racinaires** pour faire sa repousse et la repousse suivante sera fortement retardée.

Ainsi, cette technique est particulièrement adaptée à l'élevage de gros ruminants dans les régions de grandes prairies permanentes des zones tropicales sèches d'Afrique ou d'Amérique du Sud, des zones tempérées d'Amérique du Nord, où le nombre d'animaux par hectare sur le pâturage est très important à un instant donné mais où les animaux ne restent pas longtemps, ne revenant au même endroit que tous les 3 à 5 mois. L'herbe a le temps de se régénérer et de gagner en diversité biologique, les animaux enrichissent les sols de leurs déjections et enfouissent les graines en se déplaçant.

En absence de grands espaces, cette technique nécessite d'adapter la charge en animaux à la surface disponible. Dans ce cas, l'éleveur fait pâturer un nombre adapté d'animaux **sur de petites surfaces** pendant un à deux jours, puis laisse la prairie au repos suffisamment longtemps pour favoriser la repousse dans un cycle de mouvement permanent.

Ses avantages

Sur le plan agronomique, on améliore la qualité de l'herbe pâturée, les prairies sont plus denses et la flore est plus variée et plus riche en légumineuses. Sur le plan environnemental, il n'est plus nécessaire d'apporter lisier et fumier sur les prairies (les animaux s'en chargent eux-mêmes avec leurs déjections) et sur le plan économique pour l'éleveur, cette pratique permet de réduire les charges en alimentation du bétail. **Il est également avéré que les prairies naturelles ont une capacité très importante, aussi bien en termes de stockage de carbone dans le sol qu'en termes de biodiversité ; certaines**

études scientifiques suggèrent même que cette capacité serait supérieure à celle de certains écosystèmes forestiers.

Le pâturage tournant dynamique nécessite de très faibles niveaux de capital hors animaux. Il s'agit essentiellement de frais de clôture électrique principalement mobile pour faire tourner le pâturage des animaux sur les prairies. Le besoin en main d'œuvre est faible pour la gestion du pâturage, mais identique à celui de l'élevage conventionnel pour le soin des animaux et la traite en cas d'élevage laitier.

Ses inconvénients

De par la nécessité d'adapter le nombre d'animaux à la surface disponible de pâturage pour éviter le surpâturage si la rotation n'est pas assez rapide, et le temps de repousse assez long, les agriculteurs peuvent être limités dans leur développement économique.

Quelques chiffres[1]

Cette pratique favorise un stockage important de carbone dans les sols, avec des taux dépendants des conditions sol-climat mais généralement **> 5 ‰/ an.** On ne dispose pas de statistiques au niveau global sur le développement de ces systèmes, mais les surfaces concernées sont en croissance.

Un cas concret : une application dans un élevage de bovin du Cantal[2]

Patrick, éleveur dans le Cantal, en France, disposait d'une exploitation comprenant 25 hectares de prairies et d'un troupeau d'une cinquantaine de vaches limousines. La surface en terre était faible et pour optimiser la gestion globale de son système de pâturage, il a décidé de passer sur un système plus dynamique pour sortir de la logique d'apports de fertilisants chimiques en hiver sur les prairies, de sortie des vaches tard en saison sur une herbe à faible valeur, puis du broyage des refus (herbe non consommée par les animaux) pour faire du fourrage. En augmentant le nombre de micro-parcelles de moins de 1 hectare, la technique du pâturage tournant dynamique lui a permis de modifier la vitesse de rotation de ses animaux afin de respecter en permanence le stade de développement de l'herbe, une repousse la plus rapide et la plus abondante possible, et de ne pas puiser dans ses réserves. Le principe de base pour faire consommer au troupeau de l'herbe à un stade optimum est un chargement instantané élevé sur de petites parcelles (paddocks) et des temps de rotation adaptés à la dynamique de pousse. Les temps de présence des animaux sur les parcelles sont très courts, de 12 heures à 3 jours maximum, ce qui maximise l'ingestion d'herbe.

L'éleveur a dessiné ses paddocks de manière à favoriser l'homogénéité de la consommation d'herbe et des déjections animales.

Ce système a nécessité peu d'investissements, de l'ordre de 60 € par hectare pour les clôtures et les bénéfices ont été nombreux pour l'éleveur. Les prairies se sont densifiées, ont développé une flore plus diversifiée et riche en légumineuses et les rendements ont augmenté. Les vaches sont en meilleure santé pendant la saison de pâture, les veaux ont une meilleure croissance grâce à une quantité de lait disponible plus importante. L'autonomie fourragère de la ferme s'est accrue. Le temps de travail de l'éleveur n'a pas été impacté et ses marges de manœuvre en termes de gestion de l'élevage ont augmenté.

Notes

1. Sauf précision, les estimations proviennent de l'auteur.

2. https://osez-agroecologie.org/carrie-paturage-tournant

Chapitre Huit
La santé des sols au centre de tout : l'agriculture régénératrice

L'agriculture régénératrice a pour objectif principal de régénérer les éléments fondamentaux de l'agriculture que sont le sol, l'eau, l'air, la biodiversité et d'améliorer leurs fonctions. Elle n'est pas une innovation technique ou technologique. Elle consiste plutôt en l'optimisation, de façon rationnelle et contemporaine, de méthodes et pratiques plus proches du fonctionnement naturel des agrosystèmes.

Son histoire

L'agriculture régénératrice est influencée par la permaculture de Masanobu Fukuoka (1913-2008). Cet agriculteur japonais montra qu'en laissant faire la nature et en limitant au maximum les interventions humaines, le rendement de sa production de riz était meilleur qu'en agriculture classique. Sa méthode repose sur le principe d'enrichir le sol plutôt que de l'épuiser, et ceci avec un minimum d'apport extérieur. Il publia en 1975 le livre *La révolution d'un seul brin de paille*, qui raconte et théorise son expérience en agriculture naturelle : « ...répandre de la paille... est le fondement de ma méthode pour faire pousser le riz et les céréales. C'est en relation avec tout, avec la fertilité, la germination, les mauvaises herbes, la protection contre les moineaux, l'irrigation. Concrètement et théoriquement, l'utilisation de la paille en agriculture est un point crucial ».

L'agriculture régénératrice en tant que telle, est d'abord proposée et décrite par Gabel[1] et présentée plus en détail par Rodale (Rodale, R (1983) *Innovant :*

la recherche d'une agriculture durable. Le futuriste 1:15-20.), comme une option qui pourrait conduire à des systèmes de production agricole plus durables. Cette approche met l'accent sur l'utilisation des ressources trouvées sur la ferme au lieu de ressources importées et coûteuses, en particulier les engrais minéraux et les pesticides de synthèse.

En 2015, une soixantaine de personnes de 21 pays, représentant des entreprises, des communautés agricoles et scientifiques, des établissements d'enseignement, des décideurs politiques et des ONG ont créé Regeneration International. Cette association s'est donnée pour mission de « promouvoir, faciliter et accélérer la transition mondiale vers une alimentation, une agriculture et une gestion des terres régénératrices dans le but de rétablir la stabilité climatique, de supprimer la faim dans le monde et de reconstruire les systèmes sociaux, écologiques et économiques détériorés ». Regeneration International, à travers ses alliances, s'efforce de constituer une masse critique de soutien mondial à l'Initiative internationale « 4 pour 1000 », à la fois comme moyen de sensibiliser le public et les décideurs sur l'initiative et son potentiel pour lutter contre le réchauffement climatique et la sécurité alimentaire, et d'attirer des fonds pour l'initiative afin d'accélérer son adoption à grande échelle.

L'agriculture régénératrice se développe rapidement en Amérique du Nord, mais beaucoup moins en Europe, et ce sont surtout de grands groupes de l'agro-alimentaire (Danone, Nestlé, PepsiCo, Mc Cain, ...) qui se sont emparés de ce concept. Le fait que des grandes entreprises privées aient repris le concept à leur compte doit être encouragé sur la base d'une définition validée au niveau international par des instances compétentes afin d'éviter les dérives et les interprétations.

Vers une définition « harmonisée »

Selon Regeneration International « l'agriculture régénératrice décrit l'ensemble des méthodes d'agriculture et d'élevage qui, entre autres bienfaits, aident à inverser les changements climatiques en reconstituant la matière organique et en restaurant la biodiversité d'un sol dégradé. Cela passe par la capture du carbone dans le sol et l'amélioration du cycle de l'eau. Plus précisément, l'agriculture régénératrice est un mode holistique de gestion des terres qui s'appuie sur le pouvoir de la photosynthèse des plantes pour réintroduire le CO_2 atmosphérique en excès dans le cycle du carbone et, par le fait même, de restaurer la santé du sol, la résilience des cultures et leur alimentation (teneur élevée) en éléments nutritifs ».

Le Comité scientifique et technique de l'Initiative internationale « 4 pour 1000 », composée de 14 experts internationaux à parité femmes-hommes nommés sur leurs compétences propres, a proposé une définition générale inspirée de la littérature scientifique[2] : « L'agriculture régénératrice est un système de principes et de pratiques agricoles qui vise à réhabiliter et à améliorer l'ensemble de l'écosystème de la ferme dans une optique de durabilité, y compris l'amélioration de la santé humaine et de la prospérité économique. C'est une méthode d'agriculture qui accorde une grande importance à la santé du sol et améliore les ressources (sol, eau, biodiversité, *et cetera*) qu'elle utilise. » Cette définition est assortie de principes généraux et de pratiques agricoles applicables en agriculture régénératrice.

Principes généraux

- Adopter une gestion holistique qui prend en compte l'interrelation de toutes les parties d'un système agricole, y compris l'agriculteur et le sol
- Si possible, utiliser les ressources présentes sur l'exploitation plutôt que des ressources importées
- Améliorer au préalable le sol si ses caractéristiques naturelles font qu'il n'atteindra jamais, sans correction de ses principaux défauts et déficiences, l'état optimal de bonne santé
- Minimiser et utiliser efficacement les intrants, y compris les engrais et pesticides de synthèse
- Associer cultures et élevage(s), et si possible inclure des plantes vivaces et des arbres dans les exploitations

- Gérer les déchets en utilisant les principes de l'économie circulaire ou d'autres principes de recyclage

Pratiques communément associées

- Minimiser ou éliminer le travail du sol
- Utiliser des cultures de couverture et des engrais verts, conserver les résidus et réduire ou éliminer le recours au brûlage à l'air libre pour maintenir une couverture permanente du sol
- Appliquer du compost et du fumier animal pour restaurer le microbiome plante/sol (communautés microbiennes du sol entretenant d'étroites relations avec les plantes et jouant un rôle dans leur croissance) et augmenter la fertilité
- Utiliser la rotation des cultures, la plantation de cultures multiples, les cultures intercalaires, les cultures de couverture multi-espèces et la plantation de bordures avec des arbustes et des arbres pour promouvoir la diversité des plantes et l'habitat des insectes bénéfiques
- Utiliser l'inoculation de micro-organismes pour améliorer les processus biologiques et les régulations du sol (inoculation de rhizobiums, bactéries s'associant aux plantes de la famille des légumineuses, en une symbiose (bénéfices réciproques) qui se traduit par la formation d'organes particuliers au niveau des racines, appelés nodosités, au sein desquelles la bactérie fixe l'azote atmosphérique gazeux en une forme assimilable par la plante)
- Assurer de bonnes pratiques de pâturage afin d'améliorer la fertilité du sol, la biodiversité des insectes et des plantes, et la séquestration du carbone dans le sol
- Réduire au minimum les émissions de gaz à effet de serre
- Éviter la déforestation et la conversion des tourbières ou des zones de conservation de grande valeur
- Gérer les déchets pour les réutiliser comme intrants dans les exploitations ou les chaînes d'approvisionnement

• Réinvestir le temps de travail économisé dans l'observation du terrain et la vie sociale du territoire

La permaculture peut être classée au sein de cette forme d'agriculture puisqu'elle consiste à reconstituer un écosystème naturel à petite échelle, associant différentes productions, maraîchage, arboriculture, en se reposant sur un apport de matière organique tel que du compost… La permaculture se caractérise par un haut niveau d'association des cultures et des plantes semées ou plantées en même temps ou dans des délais différents. La densité de végétation est généralement très élevée, les cultures de couverture sont souvent présentes, comme les éléments paysagers et de biodiversité (arbres, haies, bandes fleuries…). Sa rentabilité au mètre carré est très élevée (> 50€/ m^2) mais elle nécessite un important apport en travail humain car aucune mécanisation n'est possible du fait de la petitesse des surfaces et de la densité du peuplement végétal.

Ses avantages

L'agriculture biologique est basée sur une liste d'interdictions – produits chimiques de synthèse en particulier – pour laquelle il faut identifier des solutions de recours, alors que l'agriculture régénératrice pose le postulat qu'entretenir, préserver et enrichir son sol permet de limiter les recours à ces mêmes molécules de synthèse.

L'agriculture régénératrice met en œuvre des pratiques similaires à celles de l'agriculture de conservation, mais elle y ajoute une notion essentielle, qui figure au centre de ses préoccupations, et qui est celle de la santé des sols.

La pratique de l'agriculture régénératrice vise à améliorer la condition du sol par la pratique agricole. Pour aller au-delà de l'agriculture de conservation, les exploitations associent généralement des cultures annuelles à des cultures pérennes, qui ont l'avantage supplémentaire de développer des systèmes racinaires profonds. Elles intègrent également un ou des élevages pour s'inscrire dans un cercle vertueux, notamment en termes d'apports de matière organique. Cette agriculture donne donc une place « moderne » aux arbres et aux animaux au sein de l'exploitation agricole et le pâturage est planifié ou pratiqué selon le sylvo-pastoralisme. L'agriculture régénératrice tend à une plus grande autonomie au sein de la ferme ou avec le voisinage immédiat de celle-ci par échange de compost et de matière organique, elle travaille en synergie avec son territoire. De façon générale, elle vise à améliorer la qualité, la santé et la résilience des écosystèmes, en travaillant selon une approche holistique dans lequel l'exploitation agricole et son environnement forment un tout. Dans une ferme qui pratique l'agriculture régénératrice, la production devrait augmenter au cours du temps, tandis que l'apport de matière organique venant de l'extérieur devrait diminuer.

L'agriculture régénératrice convient à tous les types de milieux et à tous les types de cultures, céréales, oléagineux, protéagineux, fruits et légumes, à une échelle généralement liée à la famille qui la pratique.

Ses inconvénients

L'agriculture régénératrice, comme l'agriculture de conservation, ne s'interdit pas nécessairement l'usage de pesticides chimiques ou d'engrais minéraux. Mais les pratiques mises en œuvre limitent grandement leur utilisation et ce dans la mesure où la ferme se fond dans son environnement local et où les apports extérieurs sont limités au maximum. Pour la mettre en œuvre, il faut donc réapprendre à faire de l'agriculture en se passant du travail du sol et en limitant au maximum l'usage des produits chimiques.

Le manque de label clarifiant les règles fait qu'il existe une diversité de pratiques à cet égard. Certains utilisent des intrants chimiques, d'autres non, même si la philosophie globale est tout de même d'en réduire au maximum l'usage.

Quelques chiffres[3]

Cette pratique favorise un **stockage important de carbone** dans les sols. En Côte d'Ivoire, avec un apport de compost de 10 tonnes par hectare et par an, on a constaté une augmentation de 21 à 23 ‰ /an (Kenne & al. –

2016). En République démocratique du Congo, de 5,6 ‰ /an après 22 ans (Bisiaux & al. – 2009 et Gond & al. – 2016). Au Cameroun, de 15 ‰ /an après 15 ans (D'Andouss Kissi & al. – 2013)).

En comparaison avec l'agriculture conventionnelle, l'agriculture régénératrice consomme des quantités moyennes d'énergie fossile, nécessite un niveau de capital moyen (tracteurs, semoir et moissonneuse) et un besoin en main d'œuvre de l'ordre de **1 homme pour 80 hectares**. La permaculture nécessite un niveau de capital faible mais un besoin en main d'œuvre extrêmement élevé, **2 hommes pour 1 hectare**.

L'étude géographique établie par Regeneration International révèle que les exploitations qui pratiquent l'agriculture régénératrice sont majoritairement présentes aux États-Unis et de façon marginale (une quinzaine environ) au Canada, Mexique, Brésil, Australie, et en Afrique du Sud. Elles sont quasiment absentes dans le reste du monde et notamment en Europe, où le plus grand nombre se trouve au Royaume-Uni (6 fermes).

Les surfaces en agriculture régénératrice sont encore difficiles à estimer, mais le développement de cette approche appuyée par de nombreuses ONG et certains grands groupes privés pourrait être très rapide dans l'avenir.

Des cas concrets

Clover Farms aux États-Unis[4]

Clover Farms est une ferme située dans le nord-est de la Floride aux États-Unis. Kyle et Carrie y élèvent des chèvres, des bœufs nourris à l'herbe et des poules pondeuses en plein air. « Nous utilisons les dernières techniques de culture régénératrice pour soigner en permanence la terre sur laquelle nous cultivons. Au lieu d'épuiser le sol en éléments nutritifs et en carbone par un labour excessif et l'épandage d'engrais de synthèse, nous conservons le carbone dans le sol auquel il appartient. Nous ensemençons nos pâturages avec un mélange de légumineuses, de fétuques et d'autres fourrages qui fournissent l'alimentation du bétail. Nous n'utilisons ni pesticides, ni hormones, ni antibiotiques et mettons en œuvre les dernières techniques de culture régénératrice, avec pour objectif la guérison du sol. Un sol sain est le garant d'une nourriture saine. La promesse faite à nos clients est simple : « nous ne grandirons jamais aujourd'hui au détriment de demain ».

Tarinore Farm en Australie[5]

Glen et Lucy exploitent Tarinore Farm, une ferme à l'est d'Armidale dans le nord de la Nouvelle-Galles du Sud en Australie. « Ayant tous deux grandi sur des propriétés ovines et bovines à proximité, nous attendions avec impatience le jour d'acheter notre propre ferme et de retourner à l'agriculture. En 2018, nous avons franchi le pas et nous sommes lancés dans notre rêve. Nous avons acheté notre ferme, retroussé nos manches avec beaucoup d'enthousiasme et de projets et nous nous sommes heurtés à l'une des pires sécheresses de mémoire d'homme. Pour ne pas nous décourager, nous avons élevé notre premier lot d'agneaux et avons pris la décision de vendre tout notre troupeau. Les conditions étaient épouvantables en Nouvelle-Angleterre et notre objectif était de prendre soin de nos sols et d'être prêts lorsque les conditions s'amélioreraient.

Au début de l'année 2020, une pluie mémorable a redonné vie aux pâturages et permis de reconstituer les stocks de fourrages. Mais, comme nous le savons tous, la pluie n'a pas été le seul événement important en 2020. Avec l'avènement de la pandémie, nous nous sommes tous mis à réfléchir à ce qui est important pour nous. En substance, pour nous, c'est redonner à cette terre ; régénérer notre paysage ; produire des animaux sains et élevés de manière éthique et partager ces produits avec ceux qui cherchent à se nourrir avec de la viande élevée dans le plus grand soin.

Le système de production que nous pratiquons et enseignons est l'agriculture régénératrice. Il s'agit d'une production agricole qui reconstruit activement un environnement en pleine santé, qui permet aux paysages de se renouveler. Nous travaillons avec la nature pour reconstruire la santé du sol, augmenter le carbone et les minéraux du sol, améliorer sa vie, la fonction et la diversité des plantes et, ce faisant, améliorer également la santé animale. Nous utilisons un minimum d'intrants, mais lorsque nous le faisons, nous utilisons ceux qui ne nuisent pas à la santé du système. Nous avons tendance à utiliser des intrants organiques et certains intrants biodynamiques. Pour garantir que l'ensemble du système continue de fonctionner, il est parfois nécessaire d'utiliser des engrais et des traitements de santé animale appropriés, mais toujours en gardant un œil sur l'impact sur la vie et la régénération du système. »

La ferme Halterhus en Suisse[6]

Adrian exploite, près de Lucerne, en Suisse, la ferme Halterhus en agriculture régénératrice. Son objectif : une production alimentaire dense en nutriments dans un environnement sain où la promotion de la biodiversité est l'élément clé. « Avec l'expérience de l'agriculture biologique, de la permaculture, de l'agriculture régénératrice et de l'agroforesterie, je dispose de tous les outils nécessaires pour développer un système agricole holistique qui s'adapte le mieux à mon emplacement. Nous avons quinze vaches mères Aubrac, pour lesquelles je mène une gestion holistique du pâturage. L'objectif est de couvrir la ferme d'une grande diversité d'arbres. J'ai un jardin fruitier avec des cerises, des pommes, des prunes et des poires. Un autre champ regorge de noisetiers inoculés pour produire des truffes ».

« Comment créer une production d'aliments de la plus haute qualité ? La base est la fertilité naturelle du sol. Pendant de nombreuses années, j'ai travaillé intensément sur la question de savoir comment nous pouvons créer de l'humus. J'utilise le thé de compost pour le renforcement des plantes et la revitalisation des sols. Les aliments qui poussent dans un sol riche en humus ont plus de saveur et sont plus sains car ils contiennent plus d'oligo-éléments.

La biodiversité me tient à cœur. Qu'il s'agisse de haies, de prairies fleuries ou de grands arbres, beaucoup seront plantés et semés au cours des prochaines années pour favoriser la biodiversité. La production alimentaire et la protection de l'environnement vont de pair. Les éléments naturels du paysage, les haies et les arbres servent d'habitat à de nombreuses plantes et animaux et constituent un élément de réseautage dans un paysage qui a été défriché à de nombreux endroits. Les haies restantes sur le Halterhus sont préservées, correctement entretenues et écologiquement améliorées. En été, les prairies intensivement utilisées sont dépourvues de plantes à fleurs. Les abeilles peuvent difficilement trouver de la nourriture pendant cette période. Diverses haies contrecarrent le problème. »

Notes

1. Gabel, M (1979) Ho-Ping : Un scénario mondial pour la production alimentaire, Philadelphie, PA : World Game Institute

2. Citation et mention « adaptées de » Burgess PJ, Harris J, Graves AR, Deeks LK (2019)

3. Sauf précision, les estimations proviennent de l'auteur.

4. https://www.cloverfarmsfl.com/

5. https://www.tarinorefarm.com.au/

6. https://www.halterhus.ch/biodiversit%C3%A4t

Chapitre Neuf
Mimer les écosystèmes forestiers naturels : l'agroforesterie

L'agroforesterie est un mode d'exploitation des terres agricoles qui associe des arbres et des arbustes avec des cultures et parfois de l'élevage. Ces associations peuvent être ou simultanées sur les mêmes parcelles ou se suivre dans le temps, et présentent des avantages considérables dans tous les domaines et notamment dans celui de la protection des sols.

Son histoire

Le terme d'agroforesterie est apparu dans les années 1970, mais la pratique en tant que telle existe depuis la nuit des temps. Elle devait être présente à la Préhistoire et à toutes les époques, là où les animaux domestiques ont pâturé les forêts et où se pratiquaient également la cueillette et le taillis.

Jusqu'à la fin des années 1960, des buissons, des arbres épars étaient omniprésents dans les paysages ruraux de presque toute l'Europe tempérée, en Asie, comme dans toute l'Afrique et dans de nombreuses agricultures traditionnelles des pays du Sud. On les trouvait au bord des champs, dans les parcelles cultivées et les pâturages. Mais dans les pays industrialisés, la présence d'arbres dans les parcelles agricoles a fortement régressé avec la mécanisation de l'agriculture et le remembrement qui a suivi pour agrandir les parcelles. Le phénomène s'est amplifié dans la seconde moitié du XXe siècle. On estime que le nombre d'arbres présents dans les parcelles agricoles françaises a été divisé par trois entre les années 1940-1950 et 2000[1]. Ce phénomène a encore été accentué en Europe avec la mise en place de la Politique agricole commune

(PAC) car les règlements européens, pour des raisons de facilité administrative et éviter le cumul des subventions, excluaient jusqu'en 2006 qu'une parcelle consacrée à deux productions puisse percevoir des subventions pour chacune d'elle. De ce fait, la surface correspondant aux arbres présents dans les parcelles était systématiquement déduite de la surface subventionnée pour la culture présente au pied de l'arbre, ce qui a encouragé les agriculteurs à pratiquer des arrachages massifs. Depuis 2006, la réglementation européenne a intégré les atouts de l'agroforesterie et ne pénalise plus cette pratique dans la limite de cinquante arbres à l'hectare, ce qui reste assez faible en termes de densité.

Ses définitions

L'agroforesterie est le nom collectif donné aux écosystèmes agricoles où les plantes vivaces, ligneuses ou non (arbres, arbustes, palmiers, bambous, plantes à tiges dure et résistantes) sont délibérément implantées et exploitées sur les mêmes surfaces que les cultures agricoles ou consacrées aux animaux. L'agroforesterie mime la nature et place l'arbre au cœur du système : cela va de la plantation de haies et de quelques arbres à des systèmes très complexes, comprenant différentes strates arbustives et arborées, dans certaines zones de la planète. Il existe ainsi trois principaux types de systèmes agroforestiers de par le monde :

- les systèmes agro-sylvicoles qui sont une combinaison de cultures et d'arbres, tels que les jardins familiaux ou les cultures en couloirs ;
- les systèmes sylvopastoraux qui combinent la foresterie et le pâturage des animaux domestiques sur les pâturages, les parcours ou à la ferme ;
- les systèmes agrosylvopastoraux, qui intègrent les trois éléments, à savoir les arbres, les animaux et les cultures, et qui sont illustrés par des jardins familiaux impliquant des animaux ainsi que des arbres dispersés sur des terres cultivées utilisées pour le pâturage après les récoltes.

En milieu tempéré, il est possible de développer divers types de systèmes à partir d'une seule espèce d'arbre associée à des cultures ou à des cultures intercalaires d'arbres dans le système le plus complexe. En milieu tropical humide, différents types de systèmes peuvent exister à partir d'une espèce d'arbre associée à des cultures, jusqu'à un système de type forêt multi strate avec parfois un arrangement temporel plutôt que spatial : c'est le cas du système Taungya en Asie pour la sylviculture du teck. En milieu tropical sec, le système sera moins riche en espèces.

Ses pratiques et ses avantages

En termes de pratiques, il n'y a aucune interdiction ni obligation. Les systèmes sont conçus de telle façon que les travaux du sol ou les apports d'intrants extérieurs sont plus ou moins inutiles. Le travail du sol, en raison de la présence des arbres, est très faible ou absent, sauf dans les systèmes simples avec des haies d'arbres ou des allées d'arbres au sein des parcelle. La lutte contre les maladies et parasites est favorisée par l'association de plantes complémentaires capables de se protéger les unes les autres et de favoriser mutuellement leur développement. Plus le système est complexe, et moins il est nécessaire d'utiliser de produits phytosanitaires voire même pas du tout, dans les systèmes agroforestiers constitués de plusieurs strates.

Face à la problématique des mauvaises herbes, les cultures étant associées à une ou plusieurs espèces d'arbres dans le cas des systèmes agroforestiers les plus complexes, le sol n'est jamais entièrement nu en période d'absence de culture. La présence d'arbres limite le développement des mauvaises herbes et donc l'utilisation d'herbicides.

La présence d'arbres joue un rôle majeur dans la fertilité des sols. Les feuilles tombent au sol et se décomposent. Grâce à cette décomposition, les arbres créent un humus qui favorise la création de sols plus riches. Les arbres forment ainsi un filet racinaire qui passe sous les couches superficielles du sol occupées par les cultures. Les champignons qui vivent en symbiose avec ces bactéries augmentent la fertilité du sol et sa capacité à retenir et faire circuler l'eau et les nutriments, améliorant la productivité sylvicole et agricole. Cela permet de diminuer les apports en engrais pour les cultures présentes sur la parcelle. La qualité des sols est également améliorée grâce à la litière formée par la chute des feuilles.

L'arbre, en compétition avec la culture de surface dès sa plantation, enfonce naturellement ses racines plus profondément. Ce faisant, il augmente la profondeur exploitable du sol et favorise la remontée capillaire de l'eau profonde, tout en permettant aux pluies de mieux s'infiltrer pour recharger la nappe. Les arbres résistent ainsi mieux aux sécheresses et à la chaleur. Leur enracinement profond permet aussi de récupérer les nitrates en profondeur et donc de limiter la pollution des eaux dans les régions sensibles. Ils contribuent à lutter contre l'érosion, la salinisation et les inondations par la limitation du ruissellement. Ils réduisent la pollution des nappes par les engrais agricoles en pompant les surplus d'azote libre.

L'arbre a enfin un effet protecteur des cultures en jouant un rôle de brise-vent, et en limitant l'impact des pluies violentes, grêles et insolations excessives.

L'espacement nécessaire entre les arbres (le plus souvent alignés, afin de faciliter le passage des machines agricoles), du fait de la présence de cultures, limite leur concurrence. De ce fait, contrairement à ce qui se pratique souvent en sylviculture, on peut planter différentes espèces au sein d'une même parcelle, ce qui permet à la fois de ne pas perdre toute la production en cas de maladie ou d'événements touchant une espèce particulière, et de diversifier la production avec des arbres arrivant à maturité à des moments différents.

L'agroforesterie instaure ainsi une logique de co-bénéfices. Avec seulement 10 % de surface arborée dans une parcelle agricole on peut considérer celle-ci comme répondant aux critères de l'agroforesterie sans oublier la valeur additionnelle du carbone qu'elle intègre.

Ses inconvénients

L'installation de cultures pérennes ou d'arbres forestiers prend un certain temps et représente un coût et une immobilisation en capital conséquente. Celui-ci est mis à profit pour cultiver des cultures annuelles ou pluriannuelles (du type bananier en milieu tropical) qui nécessitent suffisamment de lumière pour leur croissance. Au fil des ans, les couronnes des arbres accroissent l'ombre au-dessus des cultures et finissent par les rendre impossibles ou peu rentables. Néanmoins cette période de plusieurs années aura permis à l'agriculteur d'obtenir un profit de sa terre en attendant que les espèces pérennes deviennent productives. De nombreux exemples de ce type de pratiques existent à travers le monde tropical.

Quelques chiffres[2]

Comparativement à l'agriculture conventionnelle, l'agroforesterie consomme des quantités d'énergie fossile nulle à très faible (sauf éventuellement au moment de l'installation), nécessite un niveau de capital moyen (on considère ici les engins agricoles coûteux) pour les systèmes simples à très faible (hors coût des arbres plantés) pour les systèmes complexes et un niveau de main d'œuvre moyen à élevé : **1 homme pour 30 à 50 hectares** avec un système simple, **1 homme pour 5 à 10 hectares** pour un système très complexe.

Cette pratique favorise un stockage important de carbone dans les sols. En France, pour une zone méditerranéenne avec un système associant du blé et des noyers, il est estimé à 7 ‰ **/an** après 18 ans[3].

Au niveau mondial, une estimation prudente du pourcentage de terres agricoles qui impliquent l'agroforesterie est de **19,1 %** avec un couvert végétal supérieur à 10 %.

Des cas concrets

En Occitanie (France), un atelier agroforestier de noyers dans une exploitation de grandes-cultures[4]

L'association de noyers et de céréales dans une même parcelle agricole n'est pas une chose courante. Pourtant, ceux qui ont essayé se sont rendu compte que la productivité de la parcelle n'en était pas affectée et qu'elle augmentait même sur le long terme.

Une chose simple à comprendre tient d'abord au fait que l'énergie du Soleil qui n'est plus utilisée par le blé une fois celui-ci récolté au début de l'été sera rentabilisée par les noyers qui grandissent. Inversement, lorsqu'en hiver et au début du printemps, le noyer ne dispose pas encore de feuilles, l'énergie lumineuse est alors utilisée par le blé au moment de sa croissance. Et les arbres enrichissent le sol de la parcelle en matière organique par la décomposition continuelle de leurs racines fines, année après année. Cela signifie que la production globale d'un hectare agroforestier mixant les céréales et les arbres dans la même parcelle est égale à la production de 1,2 hectare de cultures dans lesquelles les céréales et les arbres seraient cultivés de façon séparée.

L'impact d'un tel système à l'échelle de l'exploitation doit être évalué à la fois sur la trésorerie à court terme, et sur le profit à long terme.

Pour une exploitation de 100 hectares qui se lance dans l'agroforesterie sur 25 % de sa surface en plantations échelonnées (5 hectares tous les 5 ans), au cours des 25 premières années le revenu annuel global de l'exploitation diminue très peu, car les cultures intercalaires de type céréales sont encore très productives. Le rendement des céréales ne diminue que très progressivement, à mesure que l'augmentation de la taille des arbres vient empiéter sur la surface cultivée en céréales. Cette baisse atteint environ 3 % au bout de 25 ans, et 10 % au moment de la coupe des premiers arbres lorsqu'ils sont abattus pour le bois aux alentours de 40 ans. Mais, dès la première récolte des arbres, cette baisse est largement compensée, et le revenu moyen de l'exploitation est multiplié par 1,2 à 1,5, selon la valeur des arbres.

À long terme, la rentabilité de l'agroforesterie est élevée. À cela s'ajoutent les impacts environnementaux positifs des arbres et les aides dont l'exploitant pourra éventuellement bénéficier pour son projet.

En zone tropicale humide : une opportunité pour la cacaoculture[5]

La cacaoculture classique est principalement basée sur l'installation de cacaoyères après une défriche forestière totale, la conduite des cacaoyers en culture unique ou sous un ombrage léger avec quelques arbres dans la parcelle, et le recours intensif aux engrais chimiques et pesticides. Ce modèle est peu durable car il épuise les sols et nécessite un déplacement régulier des zones de production. Sur la base d'études menées dans 290 cacaoyères agroforestières d'agriculteurs au Cameroun (60) et en Amérique centrale (230), des chercheurs du CIRAD (Centre de coopération internationale en recherche agronomique pour le développement) ont montré que les systèmes agroforestiers cacaoyers peuvent atteindre des rendements comparables, voire supérieurs à ceux obtenus dans les cacaoyères conventionnelles. L'association dans l'espace et le temps de cacaoyers avec plusieurs espèces fruitières et forestières permet de maintenir, voire de restaurer la fertilité des sols par l'activité biologique et de réduire l'érosion. Les structures des cacaoyères agroforestières permettent une production continue de cacao sur le long terme, grâce à leur rôle sur la régulation des ravageurs et sur la fertilité des sols d'une part, et à une flexibilité dans la conduite technique des peuplements cacaoyers d'autre part. Les chercheurs ont également montré que 80 % des espèces ligneuses associées aux cacaoyers ont une valeur économique pour les agriculteurs à qui elles fournissent un large éventail de produits autoconsommés ou vendus, qui limitent les risques dans un contexte économique instable de fluctuation des prix mondiaux des fèves de cacao.

En zone tropicale aride : un moyen de lutter contre la désertification au Sahel[6]

Au Sahel, l'agroforesterie mobilise aujourd'hui des dizaines de milliers d'agriculteurs. La plantation d'arbres parmi les cultures a de multiples bénéfices : optimisation de la fertilité des sols par l'enrichissement en matières organiques et formation d'humus grâce aux feuilles qui tombent ; amélioration de l'activité biologique et remontée par les racines profondes d'éléments minéraux ; ombrage ou augmentation de l'humidité et de la pluviométrie locale grâce à l'évapotranspiration des arbres ; préservation de la biodiversité. Les acacias, par exemple, sont ainsi couramment plantés dans les champs sahéliens. Ils fournissent également du bois aux populations et du fourrage au bétail, leur présence dans un champ limite l'attaque de ravageurs et le rendement du mil qui pousse sous ses couronnes est trois fois plus important qu'en plein soleil. Ce verdissement du paysage participe également à la lutte contre la désertification entreprise par l'initiative panafricaine de la Grande muraille verte.

Un projet expérimental d'agroforesterie en milieu tropical humide : développer l'agroforesterie pour diversifier les cultures à travers la production d'huiles essentielles, de miel et de café, afin de préserver la forêt tropicale humide des Yungas dans l'ouest de la Bolivie[7]

La forêt tropicale humide de la région montagneuse des Yungas subit une déforestation importante dans un milieu rural très peu développé et soumis à une forte érosion des sols. Cette région montagneuse abrite une biodiversité très riche extrêmement menacée par les activités humaines. La déforestation massive liée à l'extraction minière et au trafic de bois précieux, la pollution par les déchets humains et l'appauvrissement des sols dégradent fortement l'environnement. La culture traditionnelle de coca est la principale production de la région ; celle-ci contribue très fortement à l'érosion des sols. Pourtant, des plantes à forte valeur ajoutée, comme le café ou le cacao, y trouvent des conditions optimales de production.

Le projet vise à développer des modèles agroforestiers rentables pour les producteurs : deux modèles de systèmes agroforestiers sont expérimentés, l'un est propice au développement des plantes nécessitant de l'ombre, comme le caféier, et l'autre aux plantes nécessitant de la lumière, comme l'avocatier. L'objectif est de concevoir un modèle plus rentable et moins néfaste pour l'environnement que la culture unique de coca.

Notes

1. Christian Dupraz – INRAE
2. Sauf précision, les estimations proviennent de l'auteur.
3. Essais Domaine de Restinclières – Hérault
4. L'agroforesterie : une voie de diversification écologique de l'agriculture européenne ? Christian Dupraz & Alain Capillo – INRAE
5. https://www.academie-agriculture.fr/actualites/academie/colloque/academie/agroforesterie-temperee-et-tropicale – 2015
6. http://www.agforward.eu/
7. https://projects.all4trees.org/projets/agroforesterie-preserver-foret-tropicale-yungas-bolivie/

Chapitre Dix
Pas d'agriculture unique, mais un rôle unique : celui des agriculteurs et agricultrices[1]

Aucune des différentes formes d'agriculture que nous avons présentées, qu'elles soient de conservation, biologique, régénératrice ou agroforestière, ne sont totalement satisfaisantes prises indépendamment les unes des autres, mais elles représentent toutes une évolution positive et des sources de progrès. Ceci est particulièrement vrai si l'on se rappelle des défauts de l'agriculture conventionnelle qui domine actuellement de par le monde. Certaines de ces agricultures alternatives peuvent constituer une étape sur le chemin de l'agriculture « idéale ». Ainsi, il semblerait judicieux d'évoluer le plus rapidement possible vers l'agriculture de conservation des sols pour améliorer leur santé tout en conservant des rendements proches du conventionnel, puis d'évoluer ensuite là où ce sera possible vers d'autres formes d'agriculture appartenant aussi à l'agroécologie. Toutes ces formes d'agriculture appartenant à l'agroécologie constitueront l'agriculture « idéale » dans des contextes différents, caractérisés par un système de production donné dans un contexte agro-pédo-climatique et socio-économique particulier.

L'agroécologie doit être ainsi vue comme un continuum de plusieurs types d'agriculture avec différentes évolutions possibles. L'idéal serait d'avoir à travers le monde, les modes d'agricultures les plus adaptés à chaque condition agronomique, pédologique et climatique pour stocker un maximum de carbone afin de lutter contre le changement climatique et protéger la biodiversité, ainsi qu'aux conditions socio-économiques des agriculteurs pour améliorer la sécurité alimentaire des populations qui en dépendent.

Il apparaît en effet impossible de n'avoir qu'une seule forme « universelle » d'agriculture, qui soit adaptable à l'ensemble de la planète et à tous les systèmes de production existants.

Pour les **grandes cultures**, appelées aussi cultures de pleins champs comme le blé, l'orge, le maïs, le soja, le tournesol, un passage à l'agriculture de conservation des sols partout où cela est possible et au plus vite serait un énorme progrès. Le taux de carbone des sols augmenterait, moins d'intrants chimiques seraient utilisés, les émissions de gaz à effet de serre diminueraient significativement, la qualité globale de l'environnement – y compris la biodiversité – et des produits serait améliorée.

Pour les **fruits et légumes**, les agricultures qu'elles soient biologiques ou biodynamiques, ou encore mieux régénératrices sont bien adaptées. Il en va de même pour les **petits élevages** (petits ruminants, volailles, porcins) alors que **les bovins** pourraient plutôt être élevés selon les règles du pâturage tournant dynamique, aussi bien pour la production de lait que de viande.

En outre, plutôt que de cultiver de grandes quantités de soja et de maïs pour nourrir porcs et volailles, il existe à présent des solutions *via* l'élevage d'insectes. Les larves sont nourries avec des résidus de processus de transformation agro-alimentaire des amidonneries ou des sucreries, et elles permettent la production de farine protéinée et d'huiles. Ces unités d'élevage donnent un exemple d'économie circulaire dans les relations qu'elles développent avec les industriels transformateurs. Elles ont aussi la capacité de fournir des engrais riches en matière organique (le frass, c'est-à-dire les déjections des larves) aux agriculteurs locaux qui fournissent eux-mêmes les matières premières à ces transformateurs. La France est le leader mondial en matière d'élevage d'insectes avec des entreprises comme InnovaFeed et Ynsect, toutes deux partenaires de l'Initiative « 4 pour 1000 ».

Enfin **l'agroforesterie** pourrait s'appliquer à des situations diverses (fruitiers, plantes à épices, aromatiques, ou du type café, cacao et thé, sylvo-pâturage,) et ce dans beaucoup de régions du monde.

Il n'y a pas de solution unique, de solution miracle, mais il y a de multiples solutions pour améliorer la situation par rapport à l'agriculture conventionnelle. On peut parler de l'importance de la diversité agricole, au même titre que de la diversité biologique.

Il est important de comprendre qu'il faut faire évoluer au plus vite le système actuel où l'agriculture conventionnelle ne contribue qu'à accélérer le phénomène de pertes de sols et de déstockage de carbone.

Pour cela il faut privilégier des types d'agriculture agroécologiques qui restaureront la vie des sols en y stockant du carbone et contribueront ainsi à lutter contre le changement climatique et l'insécurité alimentaire, et à restaurer la biodiversité.

En agrégeant des données à la fois statistiques mais aussi des estimations faites par des scientifiques, on peut tenter d'avoir une photographie approximative de la situation de l'agroécologie en 2020. Voici les chiffres et leur source à l'échelle de la planète et d'un pays comme la France. Il est à noter que l'acception de l'agriculture régénérative ou régénératrice étant encore récente et non homogène, il n'y a pas de statistique ou d'estimation permettant d'en mesurer l'expansion. C'est pourquoi nous nous limiterons aux agricultures disposant de données chiffrées. En ce qui concerne l'agroforesterie, il s'agit d'estimations provenant d'une étude scientifique sur la place des arbres au sein de l'agriculture avec des couvertures arborées supérieures à 10 % des surfaces cultivées. Il est clair que ces données ne sont qu'une approximation des surfaces en agroforesterie, mais il est extrêmement difficile de disposer de statistiques sur des pratiques qui vont de la présence des arbres en haies ou en rangs dans les parcelles jusqu'aux systèmes multi-strates très complexes et proches de l'architecture d'une forêt naturelle. Ces informations donnent néanmoins des indications précieuses sur l'étendue de ces pratiques agricoles.

	À l'échelle de la planète	À l'échelle de la France
Surface agricole utile (SAU)	**5 040 millions d'hectares**	29 millions d'hectares
Dont terres arables	65%	62%
Dont surface toujours en herbe	32%	34%
Dont cultures pérennes	3%	4%
Total Agroécologie en % de la SAU	**24,08%**	**14,40%**
Agriculture de conservation des sols[2]	3,571%	1,03%
Agriculture biologique[3]	1,400%	10%
Agriculture biodynamique[4]	0,005%	0,05%
Agroforesterie[5]	19,100%	3,32%

Sur la base de ces informations, on peut estimer que l'agroécologie concerne aujourd'hui plus de 24 % de la surface agricole utile de la planète, soit 1 213 millions d'hectares. Il s'agit probablement d'une fourchette basse car de nombreuses fermes en agriculture familiale dans les pays en développement sont *de facto* en agriculture biologique, les fermiers ne pouvant acheter ni engrais minéraux, ni produits phytosanitaires – sauf si ceux-ci sont subventionnés.

À l'échelle de la France, l'agroécologie ne représenterait que 14,4 % des surfaces agricoles utiles, soit 4,03 millions d'hectares, avec une nette domination de l'agriculture biologique.

Des agriculteurs et des agricultrices qui doivent être accompagnés

S'il y a différentes formes d'agriculture agroécologique qui ont chacune leurs avantages et leurs inconvénients, il y a aujourd'hui des agriculteurs et des agricultrices qui sont à la fois de moins en moins nombreux, et soumis à de très fortes pressions de la part de nombreux acteurs de la société civile, des scientifiques, des décideurs, des industriels, en lien avec les attentes des consommateurs et des citoyens de façon générale.

Les critiques sont parfois virulentes, directes, souvent injustifiées et font surtout abstraction du rôle majeur que jouent ces femmes et ces hommes pour notre alimentation quotidienne. On oublie généralement complètement que c'est bien grâce à eux que, contrairement à nos lointains ancêtres, nous n'avons pas à nous préoccuper chaque matin de la façon dont nous allons devoir trouver nous-mêmes de quoi manger.

Au-delà de ce rôle nourricier et de paysagistes qu'ils offrent à la société, il est nécessaire de s'interroger sur ce que les agriculteurs et agricultrices peuvent attendre de notre société. Il est indispensable de reconnaître leur libre arbitre, et de respecter leurs choix de telle ou telle pratique ou forme d'agriculture. Pour éclairer ces choix, les agriculteurs et agricultrices doivent avoir accès à des informations pertinentes tant techniques qu'économiques pour prendre les bonnes décisions, et décider librement de leurs pratiques.

Ils connaissent leur métier mais ils sont souvent installés dans une certaine pratique, voire enfermés par de lourds investissements, sous l'influence de différents acteurs du monde agricole et de la société civile. Beaucoup n'en sortent pas, même si parfois, ils s'inscrivent dans un cercle vicieux de pertes non seulement de rentabilité économique mais aussi de leur capital productif, à commencer par les sols de leur ferme.

Il faut tenter de les aider à sortir de cette situation, en tenant compte du fait que tous ne sont pas sensibilisés de la même façon aux enjeux environnementaux à travers le monde et que tous n'ont pas la même conscience des enjeux liés au stockage du carbone dans les sols. Il faut ainsi déterminer leurs besoins, que ce soit en informations, en conseils ou en accompagnements financiers, pour qu'ils s'engagent dans cette transition agroécologique.

C'est un des objectifs de l'Initiative internationale « 4 pour 1000 » que de construire des bases de données sur les bonnes pratiques agricoles dans toutes les zones agro-pédo-climatiques et circonstances socio-économiques du monde. Il s'agit d'aider les agriculteurs et les agricultrices à identifier les pratiques pertinentes et adaptées à leurs conditions et à prendre les bonnes décisions.

Il s'agit de proposer des solutions différentes en fonction des systèmes de production, d'orienter chaque système vers des pratiques qui vont être des solutions de changement, en expliquant les évolutions que cela génère, en termes de charge de travail, d'investissement notamment d'équipements, et de résultats économiques.

Il y a à l'échelle du monde[6] différents types d'agriculture et différents milieux, il est donc nécessaire de développer les outils adéquats pour accompagner au mieux les agriculteurs et les agricultrices dans leur transition vers les agricultures adaptées à leurs besoins et à ceux de l'humanité.

Notes

1. Un quart de la population mondiale soit 1,73 milliard de personnes sont des femmes vivant dans les zones rurales et pour 1,4 milliard d'entre elles, l'agriculture est leur principal moyen de subsistance. Un peu plus d'un tiers de ces femmes, soit 500 millions, sont des "paysannes sans terre" et reçoivent à peine 5% des ressources agricoles disponibles. (Source : International Journal of Applied Research 2018)

2. Global spread of Conservation Agriculture – A. Kassam & Al – International Journal of Environmental Studies – 2018

3. The World of Organic Agriculture Statistics and Emerging Trends – FiBL & IFOAM – 2019 and Agence Bio Stat 2022 (France)

4. A world Map of Biodynamic Agriculture – John Paul & Al – 2020

5. Trees on farm – Robert J Zomer & Al – 2009 & 2014 et L'agroforesterie en France – ALTERAGRI – 2015

6. Il existe 570 millions de fermes dans le monde et plus de 3 milliards de personnes vivant en zones rurales qui pourraient mettre en place ces pratiques [Source FAO 2019]

À nous de jouer

Chaque grande époque de l'humanité a connu ses crises et ses solutions. Aujourd'hui nous devons faire face au changement climatique, à l'érosion de la biodiversité et des sols de la planète. Notre survie est menacée par l'insécurité alimentaire, les conflits liés l'accès à l'eau et à la terre, et les pandémies dont l'origine pourrait bien être le déséquilibre des écosystèmes naturels.

Réformer notre agriculture est d'autant plus impératif que l'agriculture est le seul secteur économique qui soit absolument vital pour l'homme, qui représente une part non négligeable du problème, mais aussi et surtout une large part de la solution face au changement climatique.

Depuis la fin de seconde guerre mondiale, des efforts ont été consentis : Conférence de Rio, les trois conventions sœurs Changement climatique, Lutte contre la Désertification et Biodiversité, Objectifs de développement durable, Sommet mondial de l'alimentation, Accord de Paris, *et cetera*. Les acteurs internationaux cherchent à résoudre les crises globales grâce à des accords multilatéraux plus ou moins contraignants mais avant tout volontaires.

Cependant les politiques internationales multilatérales ne peuvent pas tout et il est primordial d'avoir l'engagement individuel de tous les acteurs de la société que sont :

- les politiques, *via* le développement d'un environnement favorable par la loi, l'encadrement et les mesures incitatives ;

- les acteurs économiques productifs, tels que les entreprises agroalimentaires notamment *via* le choix de leurs fournisseurs et de leurs procédés ;
- le monde scientifique qui nous permet de comprendre, de mesurer, d'accompagner, d'évaluer et d'expliquer ;
- la société dans son ensemble en agissant par ses choix de vie, d'achat, de décision collective ;
- les agriculteurs et agricultrices et les forestiers et forestières qui œuvrent au quotidien.

Ce sont ces derniers qui sont les acteurs du changement, et ils doivent être libres de leur choix malgré les fortes pressions qui s'exercent sur eux de la part des autres acteurs de la société.

Il est vital de leur offrir :

- des moyens techniques par le partage des bonnes pratiques existantes ou à découvrir, qui soient adaptées à toutes les configurations de sol, de climat, mais aussi aux différentes situations sociales et économiques ;
- des moyens financiers par des prix rémunérateurs leur permettant de vivre décemment, des incitations sous forme de paiements pour services environnementaux rendus à la société, des accompagnements à la transition vers un changement de modèle ;
- un environnement socio-économique stable et favorable.

Depuis décembre 2015, l'Initiative internationale « 4 pour 1000 » propose de changer le paradigme de l'agriculture et de passer d'un modèle extractif et minier à un modèle régénératif, à la fois plus en ligne avec les attentes de la société et plus à même de relever les défis de demain.

Partager les objectifs de l'Initiative internationale « 4 pour 1000 » est maintenant essentiel pour favoriser l'équilibre général et la considération portée au travail des agriculteurs et agricultrices. Chacun peut y prendre part, notamment en diffusant largement cet ouvrage qui résume la philosophie générale de l'Initiative.

Vous pouvez le faire en tant que simple citoyen curieux de partager notre vision d'un monde avec des sols vivants riches en carbone pour lutter contre le changement climatique, l'érosion de la biodiversité et la faim dans le monde.

Vous pouvez aussi le faire en tant que responsable d'une entreprise, d'une organisation publique ou privée. Vous pouvez l'inscrire dans ce mouvement global et soutenir l'Initiative en diffusant ce livre auprès de vos collaborateurs et collaboratrices. Tous les droits sont en effet reversés à l'Initiative.

Les quatre éléments de la solution

Le premier élément, ainsi que sa condition première, est la réduction drastique des émissions de gaz à effet de serre de tous les secteurs de l'économie y compris celui de l'agriculture. Rien ne pourra se faire sans un effort conjoint des acteurs de tous les secteurs dans cette direction.

Le deuxième élément, qui est aussi le facteur clef, consiste en des sols vivants, en bonne santé, riches en matière organique et donc en carbone et en biodiversité. La biodiversité globale de la planète, celle des écosystèmes naturels et des agrosystèmes cultivés par l'homme, repose sur la vitalité des sols partout sur Terre. Des sols sains sont la base vitale pour des végétaux et des animaux sains, eux-mêmes à l'origine de la santé des hommes. C'est la notion même de santé unique (One Health) défendue par l'Organisation mondiale de la santé.

Le troisième élément, qui est l'instrument de la solution, est l'agriculture qui grâce à la photosynthèse des plantes cultivées, annuelles et pérennes, permet de capter du gaz carbonique de l'atmosphère et de stocker, en partie, le carbone correspondant dans le sol. L'agriculture et par extension la foresterie, contribuent naturellement à la lutte contre le changement climatique et l'érosion de la biodiversité.

Le quatrième élément, qui est l'acteur, est constitué par les agriculteurs et les forestiers garants de ce travail de stockage du carbone dans les sols, qui permet le maintien ou mieux l'amélioration du capital « sol vivant » pour les générations futures.

Ainsi, si la société dans son ensemble permet aux agriculteurs et forestiers de faire leur travail au bénéfice de tous, nous devrions avoir :

- assez de nourriture et de matières premières bio sourcées pour les besoins de l'humanité ;
- des sols vivants à transmettre à nos enfants ;
- un climat moins déréglé ;
- une biodiversité préservée et, à terme, restaurée.

Nous sommes tous acteurs du changement à opérer, mais les agriculteurs et les forestiers sont la clef vers la solution, car ce sont eux, femmes et hommes travaillant en agriculture et foresterie, dont dépend l'avenir de l'humanité.

À nous tous de comprendre qu'avec une volonté partagée à tous les niveaux de la société, y compris à travers une alimentation choisie, nous pouvons contribuer à changer nos agricultures en les inscrivant dans une nouvelle (r)évolution[1] agroécologique et faire ainsi en sorte de nous redonner l'espoir en l'avenir.

À nous tous d'accompagner activement et de respecter les agriculteurs et les agricultrices lorsqu'ils œuvrent pour notre bien à tous.

Soyons pleinement conscients qu'ils ont la Terre entre leurs mains.

Notes

1. Certains voient dans l'évolution de l'agriculture des étapes importantes et des changements radicaux d'orientation qu'on peut qualifier de révolutions. Afin de ne pas tomber dans la subjectivité, nous laissons le choix au lecteur d'utiliser le terme qui lui convient.

Remerciements

Cet ouvrage est un travail collectif dont l'idée est née lors d'un échange informel avec Audrey et François, les deux inlassables artisans des Éditions La Butineuse au début de l'année 2021, lorsque nous étions tous confinés chez nous. Grâce à leurs encouragements et leurs conseils, cette idée a donné naissance à un document qui regroupe des connaissances et des réflexions illustrant une vision réaliste mais optimiste de notre avenir sur la planète Terre grâce à l'agriculture et aux formidables femmes et hommes qui travaillent chaque jour à permettre à l'humanité de vivre. Qu'Audrey et François soient ici remerciés pour cet accompagnement précieux.

Je souhaite également remercier ici ceux qui ont contribué à nourrir de leurs connaissances les premières parties de ce livre, respectivement Marc-André Selosse, biologiste spécialiste de l'écologie et de l'évolution au Muséum national d'Histoire Naturelle passionné et passionnant à écouter sur la vie des sols et leur importance pour notre propre vie ; Bertrand Hervieu, sociologue spécialiste des questions rurales et agricoles et qui nous a permis d'appréhender de façon synthétique l'histoire de l'agriculture à travers les âges y compris les plus récents, et enfin Jean-Pierre Sarthou, enseignant-chercheur à l'École nationale agronomique de Toulouse, dont la perception de la période charnière que traverse actuellement l'agriculture a été précieuse pour mieux comprendre cette transition agroécologique. Un très grand merci à ces trois personnalités qui m'ont fait le plaisir et l'amitié d'accepter de s'associer à cet ouvrage.

La rédaction de ce livre n'aurait pas été possible sans le concours de Marie-Christine Bidault, ingénieure en agriculture et éditorialiste, qui a conduit les entretiens avec les différentes personnalités et a patiemment collationné les différentes parties de cet ouvrage avec l'appui de notre stagiaire Joachim Gaignard. Je la remercie personnellement pour son écoute et sa persévérance qui a permis d'atteindre notre objectif. Un coup de chapeau aussi à Léa Cros, co-fondatrice de l'Agence CoAm pour « sa patte » et ses illustrations artistiques qui apportent une ambiance poétique et légère à cet ouvrage.

Enfin, il m'est agréable de remercier collectivement ceux qui travaillent au sein de l'Initiative internationale « 4 pour 1000 », l'équipe du Secrétariat exécutif y compris les consultants, l'ensemble du Comité scientifique et technique, ainsi que le Président Stéphane Le Foll, et les deux Vice-Présidents Gabrielle Bastien et Ibrahim Mayaki. Un remerciement spécial à Frédérique Lescent qui apporte ses compétences en matière de communication à l'Initiative depuis 2016 et qui a prêté son regard bienveillant mais néanmoins critique à la relecture du manuscrit.

Que ceux qui soutiennent moralement et matériellement l'Initiative soient également remerciés. Grâce à eux, le message si important de la séquestration du carbone et de la santé des sols commence à se diffuser à grande échelle sous l'impulsion certes de l'Initiative, mais aussi des très nombreux acteurs de la société qui s'en font l'écho à tous les niveaux.

Enfin un dernier mot de remerciement pour ma famille, particulièrement mon épouse Laure qui me supporte au quotidien dans tous les sens que peut prendre ce mot, mes enfants Guillaume et Adrien et leur épouse et compagne respective, ainsi que Chloé, ma petite fille dont l'apparition dans nos vies aura été en 2021 un magnifique rayon de soleil qui a touché nos cœurs et nos âmes. Je souhaite finir cette page de remerciements par mes parents, ma mère Claudine pour qui ce modeste ouvrage n'est rien en comparaison des innombrables livres dont elle est l'auteur, et à mon père Vinh, disparu trop vite et qui avait su voir l'importance de l'agroécologie ainsi que le rôle qui pourrait être le mien bien avant moi, à la fin des années 1990. Un affectueux message également à mes deux frères Kim et Jean-Paul et leur famille.

Crédits iconographiques :

© Initiative « 4 pour 1000 » / Éditions La Butineuse :

P. 30, 33, 35, 38, 40, 43, 62-63, 74

Que faire de ce livre une fois que vous n'en voulez plus ?

1. Lui donner une seconde vie

Prolongez la durée de vie de ce livre en le donnant à un proche, une association ou en le revendant. Un livre peut toujours avoir une utilité avant d'être jeté.

2. Bien le recycler

S'il doit être jeté, mettez le au recyclage pour que le papier qui le compose soit réutilisé. Mais attention, il est important d'éliminer les perturbateurs de recyclage avant :

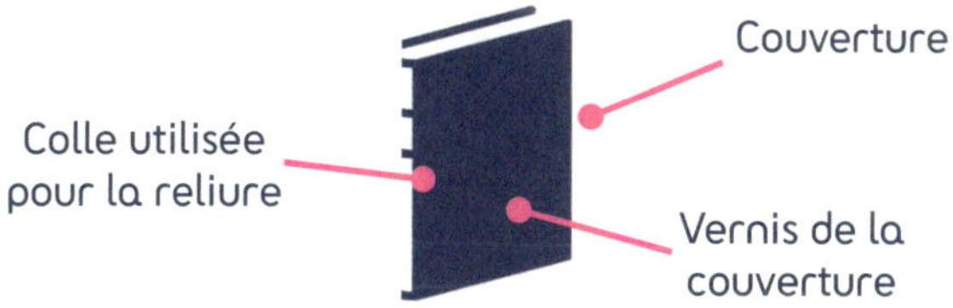

Pour cela, il suffit de lui retirer sa couverture et de la mettre dans le bac des emballages et le cahier central dans le bac des papiers.

Le papier de couverture est un couché moderne non pelliculé Magno Matt (250 gr), fabriqué par Sappi. Le papier intérieur est un Munken Print White bouffant (80 gr), fabriqué par Artic Paper.

FSC www.fsc.org FSC® C020837 The mark of responsible forestry

PEFC PEFC/05-33-99 Promoting Sustainable Forest Management www.pefc.org

EU Ecolabel www.ecolabel.eu EU Ecolabel : SE/011/05

CERTIFIED cradletocradle BRONZE

Cet ouvrage a été achevé d'imprimer par l'imprimerie Corlet à Condé-en-Normandie en avril 2022.

Imprimé en France

Dépôt légal : mai 2022

Made in the USA
Monee, IL
05 November 2026

67811036R00074